TEACHING MATERIALS
FOR COLLEGE STUDENTS
高等学校教材

通信技术及应用实验教程

主　编　赵桂青　田存伟
副主编　冯　敏　任世杰
　　　　李晓红　黄　慧

中国石油大学出版社
CHINA UNIVERSITY OF PETROLEUM PRESS
山东·青岛

图书在版编目(CIP)数据

通信技术及应用实验教程 / 赵桂青，田存伟主编
. -- 青岛 ：中国石油大学出版社，2021.12(2025.7 重印)
ISBN 978-7-5636-7345-2

Ⅰ. ①通… Ⅱ. ①赵… ②田… Ⅲ. ①通信技术-教材 Ⅳ. ①TN91

中国版本图书馆 CIP 数据核字(2021)第 253714 号

书　　名：通信技术及应用实验教程
TONGXIN JISHU JI YINGYONG SHIYAN JIAOCHENG
主　　编：赵桂青　田存伟

责任编辑：张　廉(电话　0532-86981531)
封面设计：青岛友一广告传媒有限公司

出 版 者：中国石油大学出版社
(地址：山东省青岛市黄岛区长江西路 66 号　邮编：266580)
网　　址：http://cbs.upc.edu.cn
电子邮箱：shiyoujiaoyu@126.com
排 版 者：青岛友一广告传媒有限公司
印 刷 者：日照日报印务中心
发 行 者：中国石油大学出版社(电话　0532-86981531,86983437)
开　　本：787 mm×1 092 mm　1/16
印　　张：12.5
字　　数：316 千字
版 印 次：2021 年 12 月第 1 版　2025 年 7 月第 2 次印刷
书　　号：ISBN 978-7-5636-7345-2
定　　价：39.00 元

前 言

通信技术是新一代信息技术中重要的一部分，通信技术的发展日新月异。国内各高校通信工程与电子信息类专业所开设的通信技术类课程不完全相同，但通信原理、数字通信原理、移动通信和现代交换原理是多数通信工程与电子信息类专业都开设的课程，属于通信工程与电子信息类专业的基础课。这类课程不仅需要学生掌握相应理论知识，而且对实践能力提出了很高的要求。目前，针对新工科、工程教育专业认证的标准，围绕培养学生解决复杂工程问题的能力，各高校通信工程与电子信息类专业都在进行实验实训类课程的教学改革，提升实践课程比重，改变实验内容与形式，注重实验的综合性和创新性。为此，作者团队结合理论课堂教学，编写了《通信技术及应用实验教程》一书。本书综合了通信原理实验、数字通信原理实验、移动通信实验和现代交换原理实验 4 门课程的内容，可作为高等学校通信工程、电子信息工程、电子信息科学与技术等相关专业课程的实验教材。

本书以理论课程为基础，目的是使学生巩固加深、融会贯通所学理论知识，在培养学生理论联系实际和实践动手能力的同时，提高学生的实践技能和独立分析问题、解决问题的能力，养成实事求是、严肃认真的科学作风和良好的实验习惯，启发学生的创新意识，为今后工作打下良好的基础。

本书以通信技术为主线，围绕通信原理、数字通信原理、移动通信、现代交换原理开展相应实验项目的研究。本书的编写参照教育部电子信息与电气学科教学指导委员会提出的《高等学校基础课实验教学示范中心的建设标准》，总结作者团队多年的实验教学经验和工程技术经验，并根据独立设课的要求，确保理论课与实验课紧密结合、互为补充、相辅相成。

本书共分为 3 篇，各成体系，又相互联系。其中，第一篇是"通信原理""数字通信原理"课程的实验内容，第二篇是"移动通信"课程的实验内容，第三篇是"现代交换原理"课程的实验内容。附录一为通信原理实验的主控 & 信号源模块介绍，附录二为现代交换原理实验的液晶显示驱动模块 HD44780 指令集介绍，附录三为现代交换原理实验的数字交换网络芯片 MT8980 介绍。全书实验部分基本上按照课程的内容顺序编排，实验中给出了实验目的、实验器材、实验原理以及实验步骤等。

本书第一篇由李晓红、黄慧编写，第二篇由冯敏编写，第三篇由任世杰编写，全书由赵桂青、田存伟审阅并定稿。本书在编写过程中得到了中国石油大学出版社、武汉凌特电子技术有限公司以及南京润众科技有限公司的大力支持，在此一并表示感谢。

由于作者水平有限，书中不足之处在所难免，欢迎广大读者和同行学者批评指正。

编　者

2021 年 6 月

目　录

第一篇　通信原理及数字通信原理实验

第二篇 移动通信实验

第三篇 现代交换原理实验

第一篇

通信原理及数字通信原理实验

第一章

信源编码技术

实验一　抽样定理实验

一、实验目的

(1) 掌握自然抽样及平顶抽样的实现方法。
(2) 理解低通采样定理的原理。
(3) 理解实际的抽样系统。
(4) 理解低通滤波器的幅频特性对抽样信号恢复的影响。
(5) 理解低通滤波器的相频特性对抽样信号恢复的影响。

二、实验器材

(1) 主控 & 信号源模块、模块 3 各 1 块。
(2) 双踪示波器 1 台。
(3) 连接线若干。

三、实验原理

本实验原理框图如图 1-1 所示。

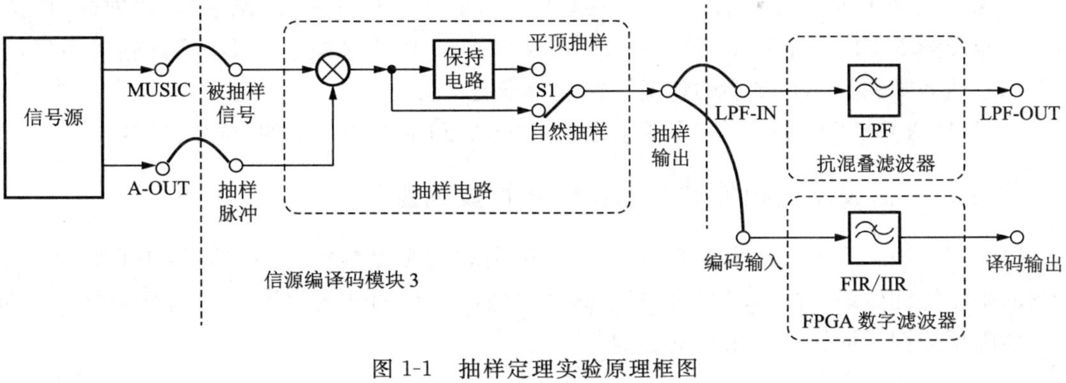

图 1-1　抽样定理实验原理框图

抽样信号由抽样电路产生。将输入的被抽样信号与抽样脉冲相乘就可以得到自然抽样信号，自然抽样信号经过保持电路得到平顶抽样信号。平顶抽样信号和自然抽样信号是通过开关 S1 切换输出的。

抽样信号经过低通滤波器即可得到恢复的抽样信号。低通滤波器可以选用抗混叠滤波器(8 阶 3.4 kHz 的巴特沃斯低通滤波器)或 FPGA 数字滤波器(有 FIR，IIR 两种)。

四、实验步骤

项目一　抽样信号观测及抽样定理验证

【概述】 该项目通过改变抽样时钟频率，从时域和频域两方面观测自然抽样信号和平顶抽样信号的输出波形，以及信号恢复的混叠情况，从而了解不同抽样方式的输出差异和联系，验证抽样定理。

(1) 关电，按表 1-1 所示进行连线。

表 1-1　抽样定理验证实验连线说明

源端口	目标端口	连线说明
信号源：MUSIC	模块 3：TH1(被抽样信号)	提供被抽样信号
信号源：A-OUT	模块 3：TH2(抽样脉冲)	提供抽样时钟信号
模块 3：TH3(抽样输出)	模块 3：TH5(LPF-IN)	将信号送入低通滤波器

(2) 开电，设置主控菜单，选择“主菜单”→“通信原理”→“抽样定理”。调节主控模块的 W1，使 A-OUT 输出峰峰值为 3 V。

(3) 实验系统处于初始状态：被抽样信号 MUSIC 输出幅度 4 V、频率 3 kHz+1 kHz 的正弦合成波，抽样脉冲 A-OUT 输出幅度 3 V、频率 9 kHz、占空比 20%的方波。

(4) 实验操作及波形观测。

① 观测并记录自然抽样前后的信号波形：将开关 S1 调至“自然抽样”挡位，用示波器分别观测 MUSIC 和抽样输出。

② 观测并记录平顶抽样前后的信号波形：将开关 S1 调至“平顶抽样”挡位，用示波器分别观测 MUSIC 和抽样输出。

③ 观测并对比抽样恢复后信号与被抽样信号的波形：将开关 S1 调至“自然抽样”挡位，用示波器观测 MUSIC 和 LPF-OUT(TH6)，以 100 Hz 的步进减小 A-OUT 的输出频率，观测并思考抽样脉冲频率在多小的情况下恢复信号有失真。

④ 设置 A-OUT 的频率为 8 kHz，观测 MUSIC 和 LPF-OUT 的波形及参数。

项目二　滤波器幅频特性对抽样信号恢复的影响

【概述】 该项目通过改变抽样时钟频率，分别观测和绘制抗混叠滤波器和 FIR 数字滤波器的幅频特性曲线，并比较抽样信号经这两种滤波器后的恢复效果，从而了解和探讨不同滤波器幅频特性对抽样信号恢复的影响。

(1) 测试抗混叠滤波器的幅频特性曲线。

① 关电，按表 1-2 所示进行连线。

表 1-2 抗混叠滤波器的幅频特性曲线实验连线说明

源端口	目标端口	连线说明
信号源：A-OUT	模块 3：TH5(LPF-IN)	将信号送入低通滤波器

② 开电，设置主控菜单，选择“信号源”→“输出波形”和“输出频率”。调节相应旋钮，使 A-OUT 输出频率为 5 kHz、峰峰值为 3 V 的正弦波。

③ 实验系统处于初始状态：抗混叠滤波器的输入信号为频率 5 kHz、幅度 3 V 的正弦波。

④ 实验操作及波形观测。

用示波器观测 LPF-OUT，以 100 Hz 步进减小 A-OUT 输出频率。观测并记录 LPF-OUT 的频谱，记入表 1-3。

表 1-3 输入信号频率设置

A-OUT 频率/kHz	基频幅度/V
5	
…	
4.5	
…	

由表 1-3 中数据，画出抗混叠滤波器的幅频特性曲线。

思考：对于 3.4 kHz 抗混叠滤波器，为了更好地画出幅频特性曲线，要如何调整信号源输入频率的步进值？

(2) 测试 FIR 数字滤波器的幅频特性曲线。

① 关电，按表 1-4 所示进行连线。

表 1-4 FIR 数字滤波器的幅频特性曲线实验连线说明

源端口	目标端口	连线说明
信号源：A-OUT	模块 3：TH13(编码输入)	将信号送入低通滤波器

② 开电，设置主控菜单，选择“主菜单”→“通信原理”→“抽样定理”→“FIR 滤波器”。调节信号源，使 A-OUT 输出频率为 5 kHz、峰峰值为 3 V 的正弦波。

③ 实验系统处于初始状态：FIR 数字滤波器的输入信号为频率 5 kHz、幅度 3 V 的正弦波。

④ 实验操作及波形观测。

用示波器观测译码输出，以 100 Hz 的步进减小 A-OUT 的输出频率。观测并记录译码输出的频谱，记入表 1-5。

表 1-5 输入信号频率设置

A-OUT 频率/kHz	基频幅度/V
5	
…	
4	
…	
3	
…	

由表 1-5 中数据，画出 FIR 数字滤波器的幅频特性曲线。

思考：对于 3 kHz FIR 数字滤波器，为了更好地画出幅频特性曲线，要如何调整信号源输入频率的步进值？

(3) 分别利用上述两个滤波器对被抽样信号进行恢复，比较被抽样信号恢复效果。

① 关电，按表 1-6 所示进行连线。

表 1-6 连线说明

源端口	目标端口	连线说明
信号源：MUSIC	模块 3：TH1(被抽样信号)	提供被抽样信号
信号源：A-OUT	模块 3：TH2(抽样脉冲)	提供抽样时钟
模块 3：TH3(抽样输出)	模块 3：TH5(LPF-IN)	将信号送入抗混叠滤波器
模块 3：TH3(抽样输出)	模块 3：TH13(编码输入)	送入 FIR 数字滤波器

② 开电，设置主控菜单，选择"主菜单"→"通信原理"→"抽样定理"→"FIR 滤波器"。调节主控模块的 W1，使 A-OUT 输出峰峰值为 3 V。

③ 实验系统处于初始状态：被抽样信号 MUSIC 输出频率 3 kHz+1 kHz 的正弦合成波，抽样脉冲 A-OUT 输出频率 9 kHz、占空比 20%的方波。

④ 实验操作及波形观测。

用示波器分别观测 LPF-OUT 和译码输出，以 100 Hz 步进减小 A-OUT 的输出频率，观测抗混叠滤波器和 FIR 数字滤波器在不同抽样频率下信号恢复的效果(频率步进可以根据实验需求自行设置)。

思考：不同滤波器的幅频特性对抽样信号恢复有何影响？

项目三 滤波器相频特性对抽样信号恢复的影响

【概述】 该项目通过改变抽样时钟频率，从时域和频域两方面分别观测抽样信号经 FIR 数字滤波器和 IIR 数字滤波器后信号恢复的失真情况，从而了解和探讨不同滤波器相频特性对抽样信号恢复的影响。

(1) 观察被抽样信号经 FIR 数字滤波器与 IIR 数字滤波器后所恢复信号的频谱。

① 关电，按表 1-7 所示进行连线。

表 1-7　被抽样信号经数字滤波器实验连线说明

源端口	目标端口	连线说明
信号源:MUSIC	模块 3:TH1(被抽样信号)	提供被抽样信号
信号源:A-OUT	模块 3:TH2(抽样脉冲)	提供抽样时钟
模块 3:TH3(抽样输出)	模块 3:TH13(编码输入)	将信号送入数字滤波器

② 开电,设置主控菜单,选择"主菜单"→"通信原理"→"抽样定理"。调节主控模块的 W1,使 A-OUT 输出峰峰值为 3 V。

③ 实验系统处于初始状态:被抽样信号 MUSIC 输出频率 3 kHz+1 kHz 的正弦合成波,抽样脉冲 A-OUT 输出频率 9 kHz、占空比 20%的方波。

④ 实验操作及波形观测。

a. 观测信号经过 FIR 数字滤波器后波形恢复效果:设置主控菜单,选择"抽样定理"→"FIR 滤波器";调节信号源,使 A-OUT 输出的抽样时钟频率为 7.5 kHz;用示波器观测恢复信号译码输出的波形和频谱。

b. 观测信号经过 IIR 数字滤波器后波形恢复效果:设置主控菜单,选择"抽样定理"→"IIR 滤波器";调节信号源,使 A-OUT 输出的抽样时钟频率为 7.5 kHz;用示波器观测恢复信号译码输出的波形和频谱。

c. 探讨被抽样信号经过不同滤波器恢复的频谱和时域波形:被抽样信号与经过滤波器后恢复信号的频谱是否一致?如果一致,是否认为原始信号能够不失真地恢复出来?用示波器分别观测 FIR 数字滤波恢复和 IIR 数字滤波恢复情况,译码输出的时域波形是否完全一致?如果波形不一致,是失真还是有相位的平移呢?如果相位有平移,观测并计算相位移动时间。

注:实际系统中,失真的现象不一定是错误的。实际系统中有这样的应用。

(2) 观测相频特性。

① 关电,按表 1-8 所示进行连线。

表 1-8　观测相频特性实验连线说明

源端口	目标端口	连线说明
信号源:A-OUT	模块 3:TH13(编码输入)	将信号送入数字滤波器

② 开电,设置主控菜单,选择"主菜单"→"通信原理"→"抽样定理"→"FIR 滤波器"。

③ 实验系统处于初始状态:A-OUT 输出频率 9 kHz、占空比 20%的方波。

④ 实验操作及波形观测。

观测信号经 FIR 数字滤波器后的相频特性:调节信号源,使 A-OUT 输出频率 5 kHz、峰峰值 3 V 的正弦波;以 100 Hz 步进减小 A-OUT 的输出频率,用示波器观测 A-OUT 和译码输出的时域波形,记入表 1-9。

表 1-9　A-OUT 的频率设置

A-OUT 频率/kHz	被抽样信号与恢复信号的相位延时/ms
3.5	
3.4	
3.3	
…	

实验二　PCM 编译码实验

一、实验目的

(1) 掌握脉冲编码调制与解调(PCM 编译码)的原理。

(2) 掌握脉冲编码调制与解调系统的测量方法。

(3) 了解脉冲编码调制信号的频谱特性。

二、实验器材

(1) 主控 & 信号源模块、模块 3、模块 21 各 1 块。

(2) 双踪示波器 1 台。

(3) 连接线若干。

三、实验原理

本实验原理框图如图 1-2～图 1-4 所示。

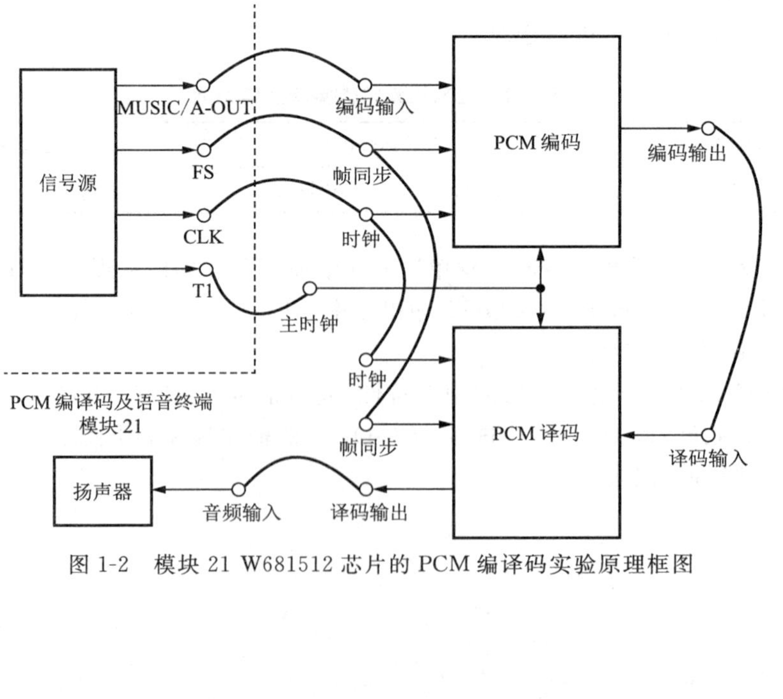

图 1-2　模块 21 W681512 芯片的 PCM 编译码实验原理框图

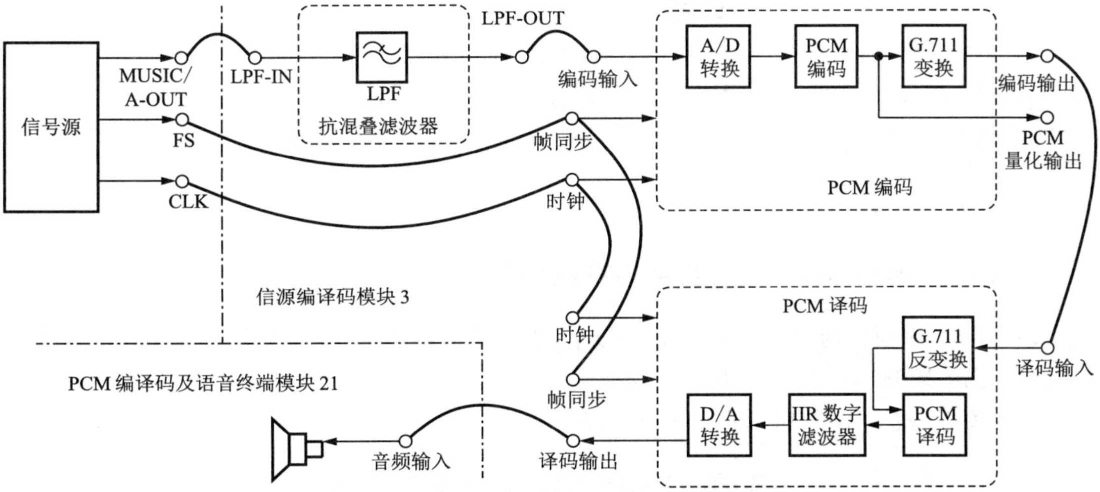

图 1-3　模块 3 的 PCM 编译码实验原理框图

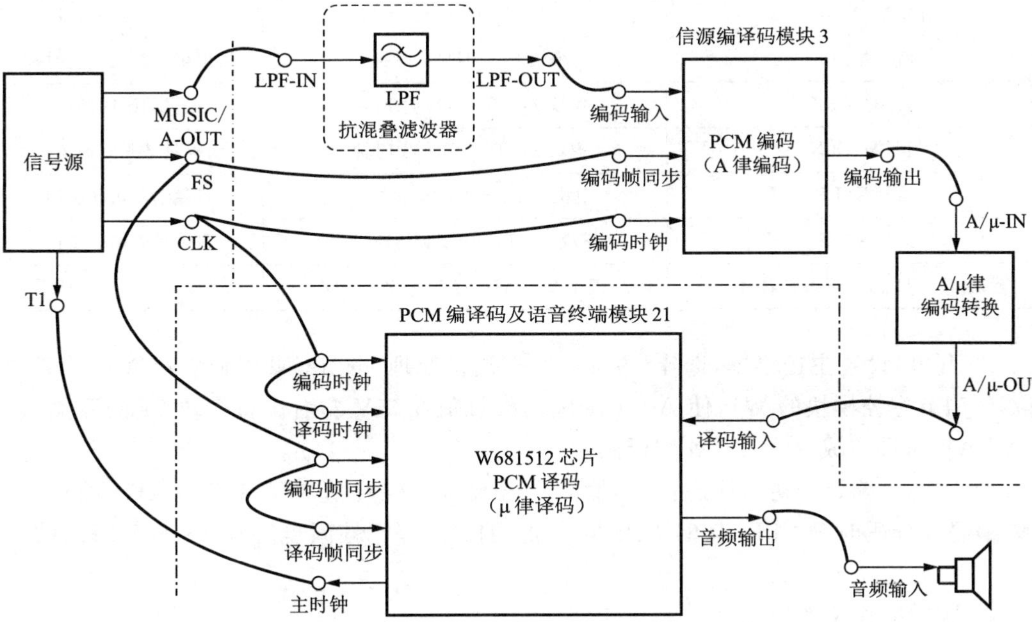

图 1-4　A/μ 律编码转换实验原理框图

图 1-2 描述的是信号源利用芯片 W681512 进行 PCM 编码和译码处理。W681512 芯片工作主时钟为 2 048 kHz，可根据芯片功能选择不同编码时钟进行编译码。本实验项目一以编码时钟取 64 kHz 为基础进行芯片的幅频特性测试实验。

图 1-3 描述的是采用软件方式实现 PCM 编译码，并展示了中间变换的过程。PCM 编码过程是：将音乐信号或正弦波信号通过抗混叠滤波器（其作用是滤掉 3.4 kHz 以上的频率，防止 A/D 转换时出现混叠现象），抗混叠滤波器输出的信号先经 A/D 转换，然后做 PCM 编码，之后根据 G.711 协议规定对 A 律的奇数位取反、μ 律的所有位取反，即 PCM 编码后的数据需要根据 G.711 协议变换输出。PCM 译码过程是 PCM 编码的逆向过程，这里不再赘述。

图 1-4 描述的是 A/μ 律编码转换实验。当菜单选择为 A 律转 μ 律实验时，先使用模块 3 进行 A 律编码，随后进行 A/μ 律转换，最后送至模块 21 进行 μ 律译码。同理，当菜单选择为 μ 律转 A 律实验时，先使用模块 3 进行 μ 律编码，随后进行 μ/A 律转换，最后送入模块 21 进行 A 律译码。

四、实验步骤

项目一 测试 W681512 芯片的幅频特性

【概述】 该项目通过改变输入信号频率，观测信号经 W681512 芯片编译码后的输出幅频特性，了解 W681512 芯片的相关性能。

（1）关电，按表 1-10 所示进行连线。

表 1-10 W681512 芯片测试实验连线说明

源端口	目的端口	连线说明
信号源：A-OUT	模块 21：TH5（音频接口）	提供音频信号
信号源：T1	模块 21：TH1（主时钟）	提供芯片工作主时钟
信号源：CLK	模块 21：TH11（编码-时钟）	提供编码时钟信号
信号源：CLK	模块 21：TH18（译码-时钟）	提供译码时钟信号
信号源：FS	模块 21：TH9（编码-帧同步）	提供编码帧同步信号
信号源：FS	模块 21：TH10（译码-帧同步）	提供译码帧同步信号
模块 21：TH8（PCM-编码输出）	模块 21：TH7（PCM-译码输入）	接入译码输入信号

（2）开电，设置主控菜单，选择“主菜单”→“通信原理”→“PCM 编码”→“A 律编码观测实验”。调节主控模块的 W1，使 A-OUT 输出峰峰值在 3 V 左右。将模块 21 的开关 S1 拨至“A-LAW”，即完成 A 律 PCM 编译码。

（3）实验系统处于初始状态：音频输入信号设置为峰峰值 3 V、频率 1 kHz 的正弦波，PCM 编码及译码时钟 CLK 为 64 kHz 的方波，编码及译码帧同步信号 FS 为 8 kHz 的脉冲波。

（4）实验操作及波形观测。

① 调节模拟信号源的输出波形为正弦波，输出频率为 50 Hz，设置峰峰值为 3 V，用示波器观测 A-OUT 的输出波形。

② 将信号源频率从 50 Hz 增加到 4 000 Hz，用示波器接收模块 21 的音频输出，观测信号的幅频特性。

注：可根据实验需求自行改变频率步进，如 50～250 Hz 间以 10 Hz 的频率为步进，超过 250 Hz 后以 100 Hz 的频率为步进。

项目二 PCM 编译码实验

【概述】 该项目通过改变输入信号幅度或编码时钟，观测 A 律 PCM 编译码和 μ 律 PCM 编译码的输入、输出波形，从而了解 PCM 编译码规则。

（1）关电，按表 1-11 所示进行连线。

表 1-11 PCM 编译码实验连线说明

源端口	目的端口	连线说明
信号源：A-OUT	模块 3：TH5（LPF-IN）	信号送入抗混叠滤波器
模块 3：TH6（LPF-OUT）	模块 3：TH13（编码-编码输入）	提供音频信号
信号源：CLK	模块 3：TH9（编码-时钟）	提供编码时钟信号
信号源：FS	模块 3：TH10（编码-帧同步）	提供编码帧同步信号
模块 3：TH14（编码-编码输出）	模块 3：TH19（译码-译码输入）	接入译码输入信号
信号源：CLK	模块 3：TH15（译码-时钟）	提供译码时钟信号
信号源：FS	模块 3：TH16（译码-帧同步）	提供译码帧同步信号

（2）开电，设置主控菜单，选择“主菜单”→“通信原理”→“PCM 编码”→“A 律编码观测实验”。调节主控模块的 W1，使 A-OUT 输出峰峰值在 3 V 左右。

（3）实验系统处于初始状态：音频输入信号设置为峰峰值 3 V、频率 1 kHz 的正弦波，PCM 编码及译码时钟 CLK 为 64 kHz 的方波，编码及译码帧同步信号 FS 为 8 kHz 的脉冲波。

（4）实验操作及波形观测。

① 以 FS 为触发，观测编码输入波形。将示波器的“DIV（扫描时间）”挡调节为 100 μs，将正弦波幅度最大处调节到示波器的正中间，记录波形。

注意：记录波形后不要调节示波器，因为正弦波的位置需要与编码输出的位置对应。

② 在保持示波器设置不变的情况下，以 FS 为触发，观测并记录 PCM 量化输出波形。

③ 以 FS 为触发，观测并记录 PCM 编码的 A 律编码输出波形，填入表 1-12。整个过程中，保持示波器设置不变。

④ 通过主控菜单中的模块设置，对模块 3 进行设置，选择“PCM 编译码”→“μ 律编码观测实验”，随后重复步骤①②③。记录 μ 律编码相关波形，填入表 1-12。

表 1-12 信号记录表

	A 律波形	μ 律波形
帧同步信号		
编码输入信号		
PCM 量化输出信号		
PCM 编码输出信号		

（5）对比观测编码输入信号和译码输出信号。

思考 1：改变基带信号幅度时，波形是否发生变化？改变时钟信号频率时，波形是否发生变化？

思考 2：当编码输入信号的频率大于 3 400 Hz 或小于 300 Hz 时，分析脉冲编码调制和解调波形。

项目三　PCM 编码时序观测

【概述】 该项目是从时序角度观测 PCM 编码的输出波形。

（1）实验连线和菜单设置同项目二。

（2）用示波器观测 FS 信号与编码输出信号，并记录二者对应的波形。

思考：为什么实验时观察到的 PCM 编码信号码型总是变化的？

项目四　PCM 编码 A/μ 律转换实验

【概述】 该项目通过观测 A 律 PCM 编码和 μ 律 PCM 编码的波形，进而了解二者的区别与联系。

（1）关电，按表 1-13 所示进行连线。

表 1-13　PCM 编码 A/μ 律转换实验连线说明

源端口	目的端口	连线说明
信号源：A-OUT	模块 3：LPF-IN	将信号送入抗混叠滤波器
模块 3：LPF-OUT	模块 3：编码-编码输入	送入 PCM 编码
信号源：CLK	模块 3：编码时钟	提供编码时钟信号
信号源：FS	模块 3：编码帧同步	提供编码帧同步信号
模块 3：编码输出	模块 3：A/μ-IN	接入编码输出信号
模块 3：A/μ-OUT	模块 21：PCM-译码输入	将转换后的信号送入译码单元
信号源：CLK	模块 21：译码时钟	提供译码时钟信号
信号源：FS	模块 21：译码帧同步	提供译码帧同步信号
信号源：CLK	模块 21：编码时钟	提供 W681512 芯片 PCM 编译码功能所需的其他工作时钟
信号源：FS	模块 21：编码帧同步	
信号源：T1	模块 21：主时钟	

（2）开电，设置主控菜单，选择“主菜单”→“通信原理”→“PCM 编码”→“A 转 μ 律转换实验”。调节主控模块的 W1，使 A-OUT 输出峰峰值在 3 V 左右。将模块 21 的开关 S1 拨至“μ-LAW”，即完成 μ 律译码。

（3）实验系统处于初始状态：音频输入信号设置为峰峰值 3 V、频率 1 kHz 的正弦波，PCM 编码及译码时钟 CLK 为 64 kHz 的方波，编码及译码帧同步信号 FS 为 8 kHz 的脉冲波。

（4）用示波器观测编码输出信号与 A/μ 律转换之后的信号，对比两者的区别，并加以总结，再对比观测原始信号和恢复信号。

（5）设置主控菜单，选择“μ 转 A 律转换实验”，并将模块 21 对应设置成 A 律译码，然后按上述步骤观测实验波形情况。

实验三　ADPCM 编译码实验

一、实验目的

(1) 理解自适应差值脉冲编译码(ADPCM)的工作原理。
(2) 了解 ADPCM 编译码电路的组成和工作原理。
(3) 加深对 ADPCM 编译码的理解。

二、实验器材

(1) 主控 & 信号源模块、模块 3 各 1 块。
(2) 双踪示波器 1 台。
(3) 连接线若干。

三、实验原理

本实验原理框图如图 1-5 所示。

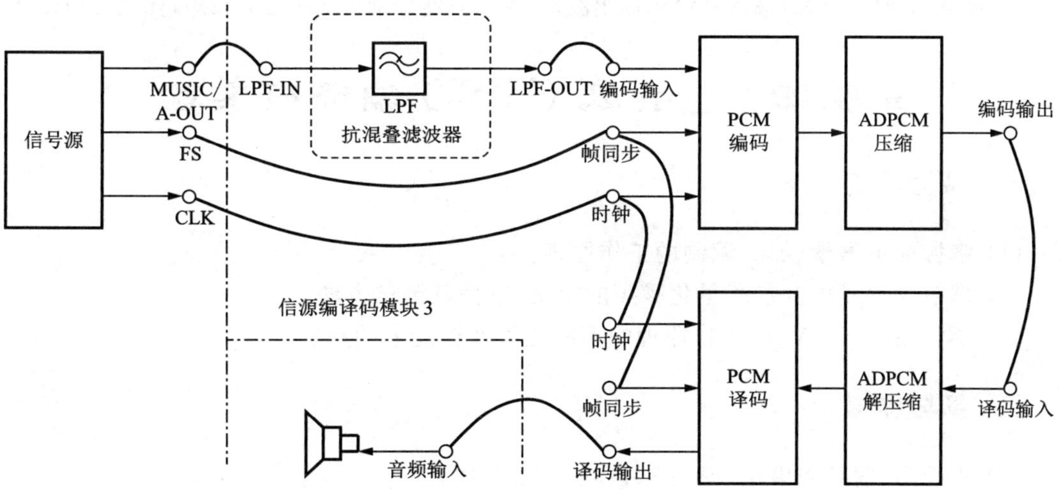

图 1-5　ADPCM 编译码实验原理框图

ADPCM 编码是在 PCM 编码后对数据再进行压缩，将 64 kbps 的传输速率降低为 32 kbps，使信道的利用率更高。

四、实验步骤

项目　ADPCM 编译码实验

【概述】 该项目通过改变输入信号及频率，观测输入信号的 ADPCM 编码和译码输出，从而了解和验证 ADPCM 编译码规则。

(1) 关电,按表 1-14 所示进行连线。

表 1-14　ADPCM 编码实验连线说明

源端口	目的端口	连线说明
信号源:A-OUT	模块 3:TH5(LPF-IN)	将信号送入抗混叠滤波器
模块 3:TH6(LPF-OUT)	模块 3:TH13(编码-编码输入)	送入 PCM 编码模块
信号源:FS	模块 3:TH10(编码-帧同步)	提供编码帧同步信号
信号源:CLK	模块 3:TH9(编码-时钟)	提供编码时钟信号
模块 3:TH14(编码-编码输出)	模块 3:TH19(译码-译码输入)	提供译码数据
信号源:FS	模块 3:TH16(译码-帧同步)	提供译码帧同步信号
信号源:CLK	模块 3:TH15(译码-时钟)	提供译码时钟信号

(2) 开电,设置主控菜单,选择"主菜单"→"通信原理"→"ADPCM 编码"→"复位电路"。调节主控模块的 W1,使 A-OUT 输出峰峰值在 3 V 左右。

(3) 实验系统处于初始状态:音频输入信号设置为峰峰值 3 V、频率 1 kHz 的正弦波。

(4) 实验操作及波形观测。

① 观测 ADPCM 编码输入和编码输出波形:用示波器分别接 A-OUT 和编码输出(TH14)。

② 观测 ADPCM 编码输入和译码输出波形:用示波器分别接 A-OUT 和译码输出(TH20)。

实验四　Δm 及 CVSD 编译码实验

一、实验目的

(1) 掌握简单增量(Δm)调制的工作原理。

(2) 理解量化噪声及过载量化噪声的定义,掌握其测试方法。

(3) 了解 Δm 与 CVSD 工作原理的不同之处及性能上的差别。

二、实验器材

(1) 主控 & 信号源模块、模块 3、模块 21 各 1 块。

(2) 双踪示波器 1 台。

(3) 连接线若干。

三、实验原理

1. Δm 编译码

Δm 编译码实验原理框图如图 1-6 所示。

编码输入信号如果大于本地译码信号则输出正的量阶,反之则输出负的量阶。量阶会对本地译码信号进行调整,也就是编码部分"加法"运算。编码输出是将正量阶变为 1,负量阶变为 0。

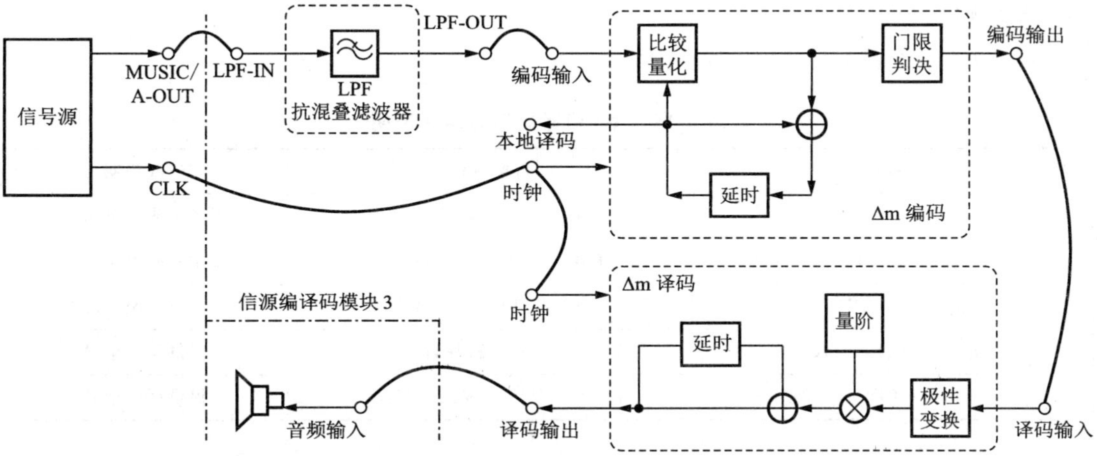

图 1-6　Δm 编译码实验原理框图

Δm 译码的过程实际上就是编码的本地译码过程。

2. CVSD 编译码

CVSD 编译码实验原理框图如图 1-7 所示。

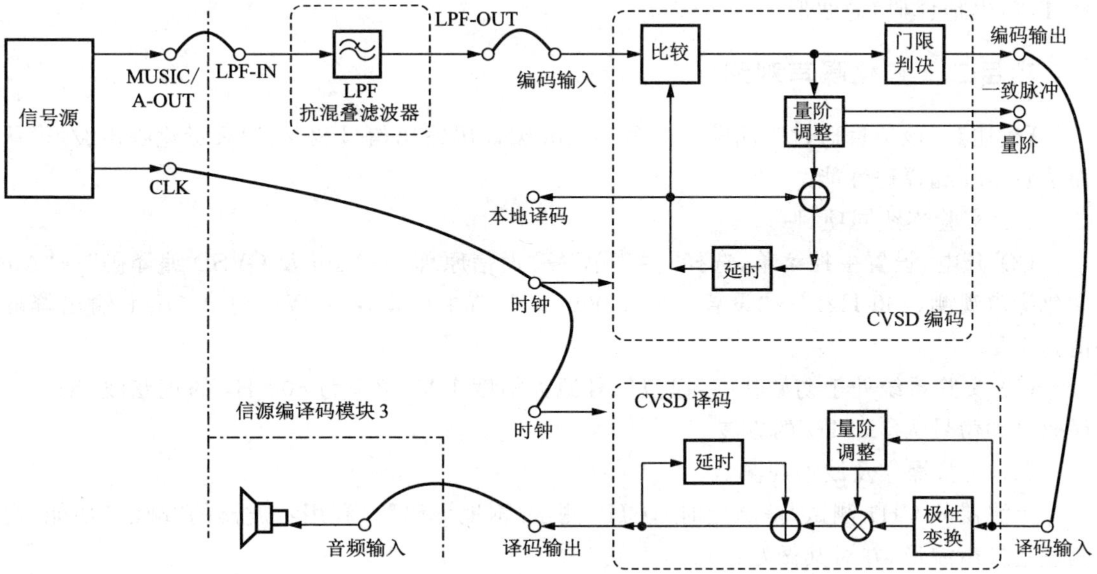

图 1-7　CVSD 编译码实验原理框图

与 Δm 编译码相比，CVSD 编译码仅多了量阶的调整过程。量阶是根据一致性脉冲进行调整的。一致性脉冲是指得到连续 3 个相同结果后给出的脉冲信号。

四、实验步骤

项目一　Δm 编译码实验

【概述】 该项目通过改变输入信号幅度，观测 Δm 编译码输出波形，从而了解和验证

Δm 编码规则。

(1) 关电，按表 1-15 所示进行连线。

表 1-15 Δm 编译码实验连线说明

源端口	目标端口	连线说明
信号源：CLK	模块 3：TH9(编码-时钟)	提供编码时钟信号
信号源：CLK	模块 3：TH15(译码-时钟)	提供译码时钟信号
信号源：A-OUT	模块 3：TH5(LPF-IN)	送入抗混叠滤波器
模块 3：TH6(LPF-OUT)	模块 3：TH13(编码-编码输入)	提供编码信号
模块 3：TH14(编码-编码输出)	模块 3：TH19(译码-译码输入)	提供译码信号

(2) 开电，设置主控菜单，选择“主菜单”→“通信原理”→“Δm 及 CVSD 编译码”→“Δm 编码规则验证”。调节主控模块的 W1，使 A-OUT 输出峰峰值为 1 V。

(3) 实验系统处于初始状态：模拟信号源为幅度 1 V、频率 400 Hz 的正弦波，编码和译码时钟信号为 32 kHz 的方波。

(4) 实验操作及波形观测。

观测模块 3 的 TP4(信源延时)和 TH14(编码输出)的波形，然后对比 TP4(信源延时)和 TP3(本地译码)的波形。

项目二 量化噪声观测

【概述】 该项目通过观测输入信号和 Δm 编译码输出信号波形，记录量化噪声波形，从而了解 Δm 编译码性能。

(1) 实验连线同项目一。

(2) 开电，设置主控菜单，选择“主菜单”→“通信原理”→“Δm 及 CVSD 编译码”→“Δm 量化噪声观测(400 Hz)”→“设置量阶 1 000”。调节主控模块的 W1，使 A-OUT 输出峰峰值为 1 V。

(3) 实验系统处于初始状态：模拟信号源为幅度 1 V、频率为 400 Hz 的正弦波，编码和译码时钟信号为 32 kHz 的方波。

(4) 实验操作及波形观测。

示波器的 CH1 测试“信源延时”，CH2 测试“本地译码”。利用示波器的“减法”功能，观测量化噪声波形，并对其做好记录。

项目三 不同量阶 Δm 编译码的性能

【概述】 该项目通过改变不同 Δm 编码量阶，观测输入信号和 Δm 编译码输出信号的波形，记录量化噪声，从而了解和分析不同量阶情况下的 Δm 编译码性能。

(1) 实验连线和菜单设置同项目二。

(2) 调节主控模块的 W1，使 A-OUT 输出峰峰值为 3 V。

(3) 实验系统处于初始状态：模拟信号源为幅度 3 V、频率 400 Hz 的正弦波，编码和译码时钟信号为 32 kHz 的方波。

(4) 实验操作及波形观测。

示波器的 CH1 测试“信源延时”,CH2 测试“本地译码”。利用示波器的“减法”功能,观测量化噪声波形,并对其做好记录。

① 选择“设置量阶 3 000”,调节正弦波峰峰值为 1 V,测量并记录量化噪声的波形。

② 保持“设置量阶 3 000”,调节正弦波峰峰值为 3 V,测量并记录量化噪声的波形。

③ 选择“设置量阶 6 000”,调节正弦波峰峰值为 1 V,测量并记录量化噪声的波形。

④ 保持“设置量阶 6 000”,调节正弦波峰峰值为 3 V,测量并记录量化噪声的波形。

思考:比较分析不同量阶、不同幅度情况下量化噪声的不同。

项目四　Δm 编译码语音传输系统

【概述】 该项目通过改变不同 Δm 编码量阶,直观感受音乐信号的输出效果,从而体会 Δm 编译码语音传输系统的性能。

(1) 关电,按表 1-16 所示进行连线。

表 1-16　Δm 编译码语音传输系统实验连线说明

源端口	目标端口	连线说明
信号源:CLK	模块 3:TH9(编码-时钟)	提供编码时钟信号
信号源:CLK	模块 3:TH15(译码-时钟)	提供译码时钟信号
信号源:MUSIC	模块 3:TH5(LPF-IN)	送入抗混叠滤波器
模块 3:TH6(LPF-OUT)	模块 3:TH13(编码-编码输入)	提供编码信号
模块 3:TH14(编码-编码输出)	模块 3:TH19(译码-译码输入)	提供译码信号
模块 3:TH20(译码-译码输出)	模块 21:TH12(音频输入)	送入扬声器

(2) 开电,设置主控菜单,选择“主菜单”→“通信原理”→“Δm 及 CVSD 编译码”→“Δm 语音信号传输”→“设置量阶 1 000”。

(3) 实验系统处于初始状态:编码输入信号为音乐信号。

(4) 实验操作及波形观测。

调节模块 21 的“音量”旋钮,使音乐输出效果最好。分别选择“设置量阶 3 000”“设置量阶 6 000”,比较 2 种量阶情况下声音的效果。

项目五　CVSD 量阶观测

【概述】 该项目通过改变输入信号的幅度,观测 CVSD 编码输出信号的量阶变化情况,了解 CVSD 量阶变化规则。

(1) 实验连线同项目一。

(2) 开电,设置主控菜单,选择“主菜单”→“通信原理”→“Δm 及 CVSD 编译码”→“CVSD 量阶观测”。调节主控模块的 W1,使 A-OUT 输出峰峰值为 1 V。

(3) 实验系统处于初始状态:模拟信号源为幅度 1 V、频率 400 Hz 的正弦波,编码时钟信号为 32 kHz 的方波。

（4）实验操作及波形观测。

以编码输入为触发，观测量阶。调节 A-OUT 的幅度，观测量阶的变化。

项目六　CVSD 一致性脉冲观测

【概述】 该项目可观测 CVSD 编码的一致性脉冲输出，了解 CVSD 一致性脉冲的形成机理。

（1）实验连线同项目一。

（2）开电，设置主控菜单，选择“主菜单”→“通信原理”→“Δm 及 CVSD 编译码”→“CVSD 一致性脉冲观测”。调节主控模块的 W1，使 A-OUT 输出峰峰值为 1 V。

（3）实验系统处于初始状态：模拟信号源为幅度 1 V、频率 2 kHz 的正弦波，编码时钟信号为 32 kHz 的方波。

（4）实验操作及波形观测。

以编码输出为触发，观测一致性脉冲。

思考：在什么情况下会输出一致性脉冲信号？

项目七　CVSD 量化噪声观测

【概述】 该项目通过改变输入信号幅度和频率，观测并记录输入与输出之间的量化噪声波形，从而了解 CVSD 编译码的性能。

（1）实验连线同项目一。

（2）开电，设置主控菜单，选择“主菜单”→“通信原理”→“Δm 及 CVSD 编译码”→“CVSD 量化噪声观测（400 Hz）”。调节主控模块的 W1，使 A-OUT 输出峰峰值为 1 V。

（3）实验系统处于初始状态：模拟信号源为幅度 1 V、频率 400 Hz 的正弦波，编码时钟信号为 32 kHz 的方波。

（4）实验操作及波形观测。

① 调节正弦波峰峰值为 1 V，观测并记录量化噪声波形。

② 调节正弦波峰峰值为 3 V，观测并记录量化噪声波形。

③ 设置“CVSD 量化噪声观测（2 kHz）”。

④ 调节正弦波峰峰值为 1 V，观测并记录量化噪声波形。

⑤ 调节正弦波峰峰值为 3 V，观测并记录量化噪声波形。

⑥ 对比 Δm 在输入信号为 400 Hz 及 2 kHz 时的量化噪声波形，并对其进行分析。

项目八　CVSD 编译码语音传输系统

【概述】 该项目通过调节输入音乐的音量大小，直观感受音乐信号经 CVSD 编译码后的输出效果，从而体会 CVSD 编译码语音传输系统的性能。

（1）实验连线同项目四。

（2）开电，设置主控菜单，选择“主菜单”→“通信原理”→“Δm 及 CVSD 编译码”→“CVSD 语音传输”。

（3）实验系统处于初始状态：模拟信号源为音乐，编码时钟频率为 32 kHz。

（4）实验操作及波形观测。

① 调节模块 21 的“音量”旋钮，使音乐输出效果最好。

② 将 CVSD 编译码语音传输与 Δm 编译码语音传输的效果进行对比分析。

实验五　PAM 孔径效应及其应对方法

一、实验目的

（1）理解平顶抽样产生孔径失真的原理。

（2）了解孔径失真的应对方法。

二、实验器材

（1）主控 & 信号源模块、模块 3 各 1 块。

（2）双踪示波器 1 台。

（3）连接线若干。

三、实验原理

本实验原理框图如图 1-8 所示。

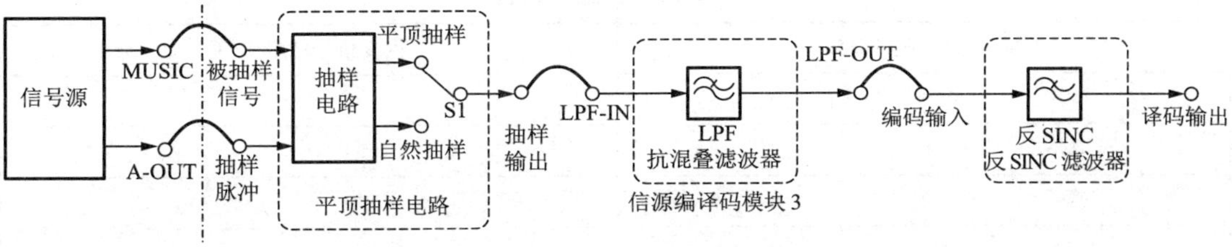

图 1-8　PAM 孔径效应及其应对方法实验原理框图

PAM 信号频谱是在理想抽样信号的基础上有一频率加权，引起频率失真。为克服频率失真的影响，解调时除采用抗混叠滤波器外，应再加入一补偿网络。

在保持被抽样信号和抽样时钟频率不变的情况下，实验中将被抽样信号经平顶抽样处理输出，再经抗混叠滤波器恢复，当增大抽样脉冲的占空比时，会出现孔径失真现象，所以最后加入一反 SINC 滤波器作为应对处理。

四、实验步骤

项目　孔径失真现象观测及应对

【概述】　抽样脉冲与被抽样信号的频率均不改变，逐渐增大抽样脉冲的占空比，同时观测抽样信号的频谱，由此可观测到孔径失真现象。

（1）关电，按表 1-17 所示进行连线。

表 1-17 孔径失真现象观测实验连线说明

源端口	目标端口	连线说明
信号源:MUSIC	模块 3:TH1(被抽样信号)	提供被抽样信号
信号源:A-OUT	模块 3:TH2(抽样脉冲)	提供抽样时钟信号
模块 3:TH3(抽样输出)	模块 3:TH5(LPF-IN)	将抽样信号送入抗混叠滤波器
模块 3:TH6(LPF-OUT)	模块 3:TH13(编码输入)	将输入信号送入反 SINC 滤波器

(2) 开电,设置主控菜单,选择"通信原理"→"抽样定理"→"反 SINC 滤波器"。调节 W1,使 A-OUT 的峰峰值在 3 V 左右;将开关 S1 拨至"平顶抽样"。

(3) 实验系统处于初始状态:待抽样信号 MUSIC 为 3 kHz+1 kHz 的正弦合成波,抽样脉冲 A-OUT 为频率 8 kHz、占空比 80%的方波。

(4) 实验操作及波形观测。

① 示波器探头接模块 3 的 TH6(LPF-OUT),观测恢复信号时域波形的幅度。

思考:恢复信号与被抽样信号相比,幅度是否有较大改变?怎样解决这个问题(可以从信噪比的角度出发去讨论这个问题)?

注:抽样脉冲的占空比决定了抽样脉冲的能量,进而影响恢复信号能量。

② 调整信号源,逐渐改变抽样脉冲的占空比,用示波器观测时域波形的幅度变化情况,记入表 1-18。

表 1-18 占空比设置

抽样脉冲占空比/%	恢复信号峰峰值/V
10	
20	
30	
…	

在占空比逐渐增大过程中,利用频谱观测孔径失真现象。

③ 用示波器分别接模块 3 的 TH6(LPF-OUT)和 TH20(译码输出),从频域角度观测并记录各频率分量幅度的变化情况。

第二章
基带传输编译码技术

实验六　AMI 编译码实验

一、实验目的

(1) 了解几种常用数字基带信号的特征和作用。
(2) 掌握 AMI 编译码规则。
(3) 了解滤波法位同步在码变换过程中的作用。

二、实验器材

(1) 主控 & 信号源模块、模块 2、模块 8、模块 13 各 1 块。
(2) 双踪示波器 1 台。
(3) 连接线若干。

三、实验原理

本实验原理框图如图 2-1 所示。

AMI 编码规则是遇到 0 输出 0，遇到 1 交替输出＋1 和－1。实验原理框图显示，编码过程是将信号源经程序处理后，得到 AMI-A1 和 AMI-B1 两路信号，再通过电平变换电路进行变换，从而得到 AMI 编码波形。

AMI 译码只需将所有的－1 变为＋1 即可。实验原理框图显示，译码过程是将 AMI 码信号送入电平逆变换电路，通过译码处理，得到原始码元。

四、实验步骤

项目一　AMI 编译码(归零码实验)

【概述】 本项目通过选择不同的数字信源，分别观测编码输入及时钟、译码输出及时钟，从而观察编译码延时并验证 AMI 编译码规则。

(1) 关电，按表 2-1 所示进行连线。

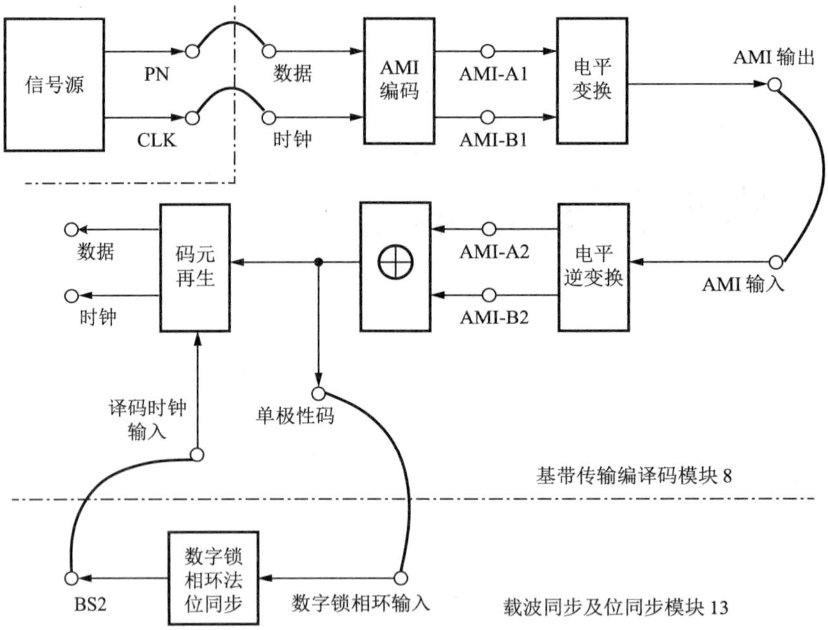

图 2-1　AMI 编译码实验原理框图

表 2-1　AMI 编译码(归零码实验)实验连线说明

源端口	目的端口	连线说明
信号源:PN	模块 8:TH3(编码输入-数据)	基带信号输入
信号源:CLK	模块 8:TH4(编码输入-时钟)	提供编码时钟信号
模块 8:TH11(AMI 输出)	模块 8:TH2(AMI 输入)	将数据送入译码模块
模块 8:TH5(单极性码)	模块 13:TH7(数字锁相环输入)	数字锁相环位同步提取
模块 13:TH5(BS2)	模块 8:TH9(译码时钟输入)	提供译码时钟信号

(2) 开电,设置主控菜单,选择“主菜单”→“通信原理”→“AMI 编译码”→“归零码实验”。将模块 13 的拨码开关 S3 置为 0011,即提取 512 kHz 的同步时钟信号。

(3) 实验系统处于初始状态:编码输入信号为 256 kHz 的 PN 序列。

(4) 实验操作及波形观测。

① 用示波器分别观测 TH3(编码输入-数据)和 TH11(AMI 输出),记录波形,有数字示波器的可以观测编码输出信号频谱,验证 AMI 编码规则。

注意:观察码元的对应位置。

② 保持示波器测量编码输入数据 TH3 的通道不变,另一通道测量中间测试点 TP5(AMI-A1),观察基带码元奇数位的变换波形。

③ 保持示波器测量编码输入数据 TH3 的通道不变,另一通道测量中间测试点 TP6(AMI-B1),观察基带码元偶数位的变换波形。

④ 用示波器分别观测模块 8 的 TP5 和 TP6,从频域角度观察信号所含 256 kHz 频谱分量情况;或用示波器的“减法”功能观察 AMI-A1 与 AMI-B1 相减后的波形情况,并与 AMI 编码输出波形相比较。

⑤ 用示波器对比观测编码输入数据和译码输出数据，记录输入信号波形与 AMI 译码波形。

思考：译码波形与输入信号波形相比延时多少？

⑥ 用示波器分别观测 TP9(AMI-A2)和 TP11(AMI-B2)，从时域或频域角度了解 AMI 码经电平逆变换后的波形情况。

⑦ 用示波器分别观测 TH2(AMI 输入)和 TH5(单极性码)，从频域角度观测双极性码和单极性码 256 kHz 频谱分量情况。

⑧ 用示波器分别观测 TH4(编码输入-时钟)和 TH9(译码时钟输入)，比较恢复的时钟信号的波形与原始时钟信号的波形。

思考：此处输入信号采用的是单极性码，可较好地恢复出时钟信号，如果输入信号采用的是双极性码，是否能观察到恢复的时钟信号，为什么？

项目二　AMI 编译码(非归零码实验)

【概述】 本项目通过观测 AMI 非归零码编译码相关测试点，了解 AMI 编译码规则。

(1) 实验连线同项目一。

(2) 开电，设置主控菜单，选择"主菜单"→"通信原理"→"AMI 编译码"→"非归零码实验"。将模块 13 的拨码开关 S3 置为 0100，即提取 256 kHz 的同步时钟信号。

(3) 实验系统处于初始状态：编码输入信号为 256 kHz 的 PN 序列。

(4) 实验操作及波形观测。

参照项目一的实验步骤进行相关测试。

项目三　AMI 码对连 0 信号的编码、直流分量以及时钟信号的提取观测

【概述】 本项目通过设置和改变输入信号的码型，观测连 0 信号的 AMI 编码、直流分量以及时钟信号的提取情况，进一步了解 AMI 码的特性。

(1) 关电，按表 2-2 所示进行连线。

表 2-2　AMI 编译码(连 0 码)及时钟提取实验连线说明

源端口	目的端口	连线说明
模块 2：DoutMUX	模块 8：TH3(编码输入-数据)	基带信号输入
模块 2：BSOUT	模块 8：TH4(编码输入-时钟)	提供编码时钟信号
模块 8：TH11(AMI 输出)	模块 8：TH2(AMI 输入)	将数据送入译码模块
模块 8：TH5(单极性码)	模块 13：TH7(数字锁相环输入)	数字锁相环位同步提取
模块 13：TH5(BS2)	模块 8：TH9(译码时钟输入)	提供译码时钟信号

(2) 开电，设置主控菜单，选择"主菜单"→"通信原理"→"AMI 编译码"→"归零码实验"。将模块 13 的拨码开关 S3 置为 0011，即提取 512 kHz 的同步时钟；将模块 2 的拨码开关 S1，S2，S3，S4 全部置为 11110000，使 PN 输出中含有 4 个连 0 的码型状态(或自行设置其他码值)。

(3) 实验系统处于初始状态：编码输入信号为 256 kHz 的 32 位拨码信号。

(4) 实验操作及波形观测。

① 观察含有长连0信号的AMI编码波形。用示波器观测模块8的TH3(编码输入-数据)和TH11(AMI输出),观察信号中出现长连0时的波形变化情况。

② 观察AMI编码信号中是否含有直流分量。将模块2的拨码开关S1,S2,S3,S4分别置为00000000,00000000,00000000,00000011,用示波器分别观测编码输入数据、编码输出数据、编码输入时钟信号和译码输出时钟信号,然后调节示波器,将信号耦合状况置为交流,观察并记录波形。保持连线,拨码开关由0到1逐位拨起,直到模块2的拨码开关置为00111111,11111111,11111111,11111111,观察拨码过程中编码输入数据和编码输出数据波形的变化情况。

③ 观察AMI编码信号所含时钟频谱分量。将模块2的开关S1,S2,S3,S4全部置为00000000,用示波器先分别观测编码输入数据和编码输出数据,再分别观测编码输入时钟信号和译码输出时钟信号,并记录波形;随后将模块2的开关S1,S2,S3,S4全部置为11111111,重复上述观测、记录过程。

实验七　HDB3编译码实验

一、实验目的

(1) 了解几种常用数字基带信号的特征和作用。

(2) 掌握HDB3编译码规则。

(3) 了解滤波法位同步在码变换过程中的作用。

二、实验器材

(1) 主控&信号源模块、模块2、模块8、模块13各1块。

(2) 双踪示波器1台。

(3) 连接线若干。

三、实验原理

本实验原理框图如图2-2所示。

由实验六可知,AMI编码规则是遇到0输出0,遇到1交替输出+1和-1。在没有4个连0的情况下,HDB3编码规则与AMI编码规则相同。当4个连0的最后一个0变为传号A时,其极性与前一个1的极性相同;若传号A与前一个1的极性不同,则还要将4个连0的第一个0变为B,B的极性与A相同。实验框图显示,编码过程是将信号源经程序处理后,得到HDB3-A1和HDB3-B1两路信号,再通过电平变换电路进行变换,从而得到HDB3编码波形。

同样地,AMI译码只需将所有的-1变为+1即可,而HDB3译码需要找到传号A,将传号A和传号A前的3个数清零即可。当某符号的极性与前一符号的极性相同时,该符号即传号。实验框图显示,译码过程是将HDB3编码信号送入电平逆变换电路,通过译码处理得到原始码元。

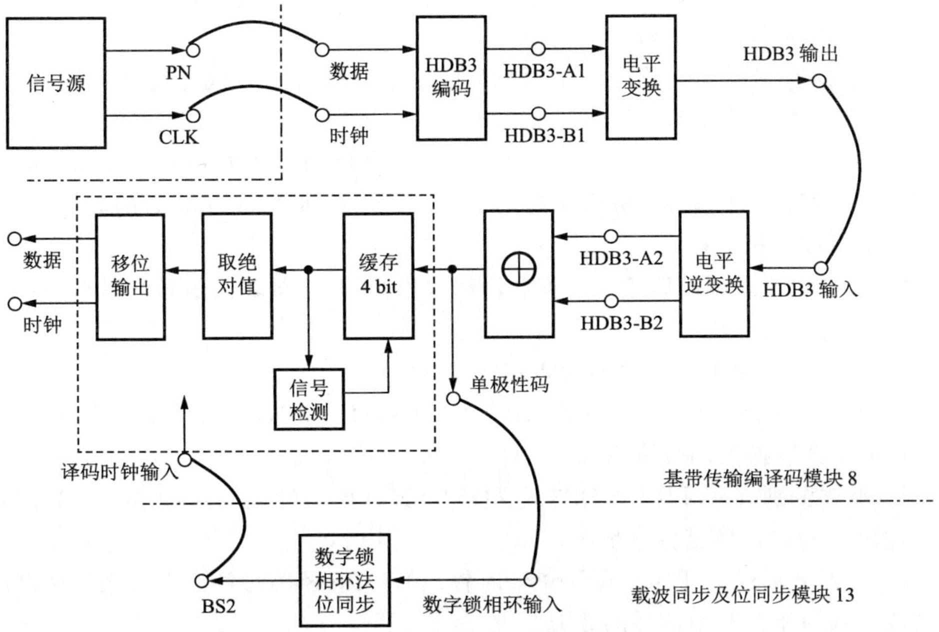

图 2-2　HDB3 编译码实验原理框图

四、实验步骤

项目一　HDB3 编译码(归零码实验)

【概述】 本项目通过选择不同的数字信源，分别观测编码输入及时钟、译码输出及时钟，从而观察编译码延时并验证 HDB3 编译码规则。

(1) 关电，按表 2-3 所示进行连线。

表 2-3　HDB3 编译码(归零码实验)实验连线说明

源端口	目的端口	连线说明
信号源:PN	模块 8:TH3(编码输入-数据)	基带信号输入
信号源:CLK	模块 8:TH4(编码输入-时钟)	提供编码时钟信号
模块 8:TH1(HDB3 输出)	模块 8:TH7(HDB3 输入)	将数据送入译码模块
模块 8:TH5(单极性码)	模块 13:TH7(数字锁相环输入)	数字锁相环位同步提取
模块 13:TH5(BS2)	模块 8:TH9(译码时钟输入)	提供译码时钟信号

(2) 开电，设置主控菜单，选择“主菜单”→“通信原理”→“HDB3 编译码”→“归零码实验”。将模块 13 的拨码开关 S3 置为 0011，即提取 512 kHz 的同步时钟信号。

(3) 实验系统处于初始状态：编码输入信号为 256 kHz 的 PN 序列。

(4) 实验操作及波形观测。

① 用示波器分别观测编码输入数据 TH3 和编码输出数据 TH1(HDB3 输出)，记录波

形，有数字示波器的可以观测编码输出信号频谱，验证 HDB3 编码规则。

② 保持示波器测量编码输入数据 TH3 的通道不变，另一通道测量中间测试点 TP2（HDB3-A1），观察基带码元奇数位的变换波形。

③ 保持示波器测量编码输入数据 TH3 的通道不变，另一通道测量中间测试点 TP3（HDB3-B1），观察基带码元偶数位的变换波形。

④ 用示波器分别观测模块 8 的 TP2 和 TP3，从频域角度观察信号所含 256 kHz 频谱分量情况；或用示波器的“减法”功能观察 HDB3-A1 与 HDB3-B1 相减后的波形情况，并与 HDB3 编码输出波形相比较。

⑤ 用示波器对比观测编码输入数据和译码输出数据，记录输入信号波形与 HDB3 译码波形。

思考：译码波形与输入信号波形相比延时多少？

⑥ 用示波器分别观测 TP4（HDB3-A2）和 TP8（HDB3-B2），从时域或频域角度了解 HDB3 码经电平逆变换后的波形情况。

⑦ 用示波器分别观测 TH7（HDB3 输入）和 TH5（单极性码），从频域角度观测双极性码和单极性码 256 kHz 频谱分量情况。

⑧ 用示波器分别观测 TH4（编码输入-时钟）和 TH9（译码时钟输入），比较恢复的位时钟信号的波形与原始位时钟信号的波形。

思考：此处输入信号采用的是单极性码，可较好地恢复出位时钟信号，如果输入信号采用的是双极性码，是否能观察到恢复的位时钟信号，为什么？

项目二　HDB3 编译码（非归零码实验）

【概述】　本项目通过观测 HDB3 非归零码编译码相关测试点，了解 HDB3 编译码规则。

（1）实验连线同项目一。

（2）开电，设置主控菜单，选择“主菜单”→“通信原理”→“HDB3 编译码”→“非归零码实验”。将模块 13 的拨码开关 S3 置为 0100，即提取 256 kHz 的同步时钟信号。

（3）实验系统处于初始状态：编码输入信号为 256 kHz 的 PN 序列。

（4）实验操作及波形观测。

参照项目一的实验步骤，进行相关测试。

项目三　HDB3 码对连 0 信号的编码、直流分量以及时钟信号的提取观测

【概述】　本项目通过设置和改变输入信号的码型，观测 HDB3 归零码编码输出信号对连 0 信号的编码、直流分量以及时钟信号的提取情况，进一步了解 HDB3 码特性。

（1）关电，按表 2-4 所示进行连线。

表 2-4　HDB3 编译码（连 0 码）及时钟提取实验连线说明

源端口	目的端口	连线说明
模块 2：DoutMUX	模块 8：TH3（编码输入-数据）	基带信号输入
模块 2：BSOUT	模块 8：TH4（编码输入-时钟）	提供编码时钟信号
模块 8：TH1（HDB3 输出）	模块 8：TH7（HDB3 输入）	将数据送入译码模块

续表

源端口	目的端口	连线说明
模块 8:TH5(单极性码)	模块 13:TH7(数字锁相环输入)	数字锁相环位同步提取
模块 13:TH5(BS2)	模块 8:TH9(译码时钟输入)	提供译码时钟信号

(2) 开电,设置主控菜单,选择“主菜单”→“通信原理”→“HDB3 编译码”→“归零码实验”。将模块 13 的拨码开关 S3 置为 0011,即提取 512 kHz 的同步时钟;将模块 2 的开关 S1,S2,S3,S4 全部置为 11110000,使 PN 输出中含有 4 个连 0 的码型状态(或自行设置其他码值)。

(3) 实验系统处于初始状态:编码输入信号为 256 kHz 的 32 位拨码信号。

(4) 实验操作及波形观测。

① 观察含有长连 0 信号的 HDB3 编码波形。用示波器观测模块 8 的 TH3(编码输入-数据)和 TH1(HDB3 输出),观察信号中出现长连 0 时的波形变化情况。

注意:观察码元的对应位置。

思考:HDB3 编码与 AMI 编码波形有什么差别?

② 观察 HDB3 编码信号中是否含有直流分量。将模块 2 的开关 S1,S2,S3,S4 分别置为 00000000,00000000,00000000,00000011,用示波器分别观测编码输入数据、编码输出数据、编码输入时钟信号和译码输出时钟信号,然后调节示波器,将信号耦合状况置为交流,观察并记录波形。保持连线,拨码开关由 0 到 1 逐位拨起,直到模块 2 的拨码开关设置为 00111111,11111111,11111111,11111111,观察拨码过程中编码输入数据和编码输出数据波形的变化情况。

思考:HDB3 码是否存在直流分量?

③ 观察 HDB3 编码信号所含时钟频谱分量。将模块 2 的开关 S1,S2,S3,S4 全部置为 00000000,用示波器先分别观测编码输入数据和编码输出数据,再分别观测编码输入时钟信号和译码输出时钟信号,并记录波形;随后将模块 2 的开关 S1,S2,S3,S4 全部置为 11111111,重复上述观测、记录过程。

实验八 CMI/BPH 编译码实验

一、实验目的

(1) 了解 CMI,BPH 编译码规则。

(2) 观察输入全 0 码或全 1 码时各编码输出码型,了解是否含有直流分量。

(3) 观察 CMI 码、BPH 码经过码型逆变换后的译码输出波形及译码输出后的时间延迟。

二、实验器材

(1) 主控 & 信号源模块、模块 2、模块 8、模块 13 各 1 块。

(2) 双踪示波器 1 台。

(3) 连接线若干。

三、实验原理

本实验原理框图如图 2-3 所示。

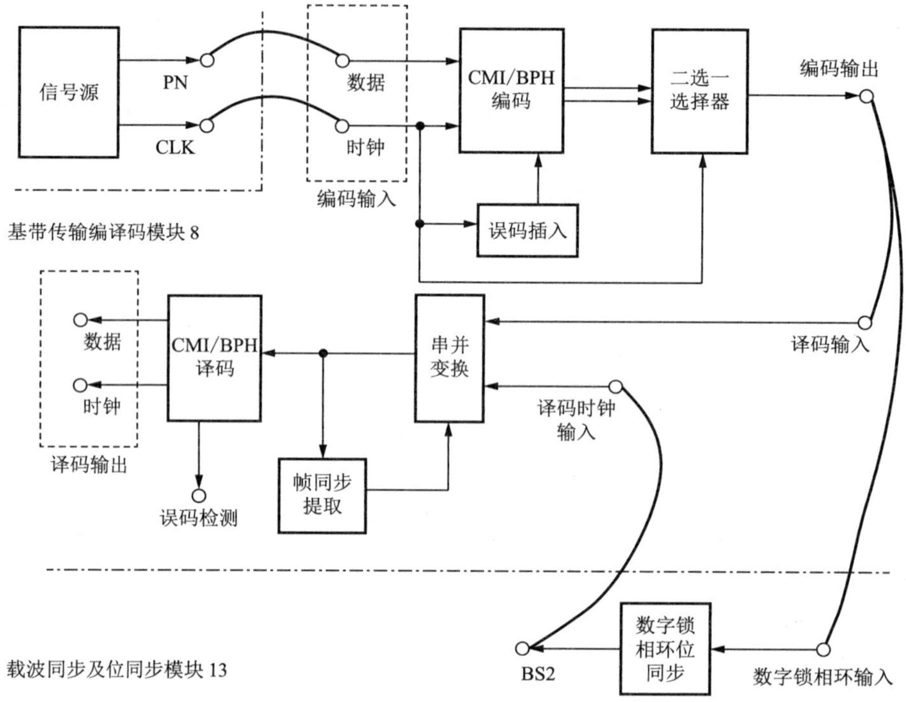

图 2-3　CMI/BPH 编译码实验原理框图

CMI 编码规则是遇到 0 编码 01,遇到 1 交替编码 11 和 00。由于 1 bit 编码后变成 2 bit,因此在输出时用时钟的 1 输出高 bit,用时钟的 0 输出低 bit,这也是选择器的功能。BPH 编码规则有所不同,遇到 0 编码为 01,遇到 1 编码为 10。CMI 译码、BPH 译码时首先要找到分组的信号,然后才能进行正确译码。CMI 译码只要出现下降沿,就表示分组的开始;BPH 译码只要找到连 0 或连 1,就表示分组的开始。找到分组信号后,对信号进行分组译码就可以得到译码后的数据。

四、实验步骤

项目一　CMI 码型变换实验

【概述】 本项目通过改变输入信号的码型,分别观测编码输入、输出波形与译码输出波形,测量 CMI 编译码延时,验证 CMI 编译码原理及 CMI 码是否存在直流分量。

(1) 关电,按表 2-5 所示进行连线。

(2) 开电,设置主控菜单,选择“主菜单”→“通信原理”→“CMI 码”→“无误码”。模块 13 的拨码开关 S3 置为 0011,即提取 512 kHz 的同步时钟。

(3) 实验系统处于初始状态:PN 为 256 kHz 的方波序列。

表 2-5　HDB3 编译码(连 0 码)及时钟提取实验连线说明

源端口	目的端口	连线说明
信号源:PN	模块 8:TH3(编码输入-数据)	基带信号输入
信号源:CLK	模块 8:TH4(编码输入-时钟)	提供编码时钟信号
模块 8:TH6(编码输出)	模块 13:TH7(数字锁相环输入)	数字锁相环法位同步提取输入
模块 13:TH5(BS2)	模块 8:TH9(译码时钟输入)	提供译码时钟信号
模块 8:TH6(编码输出)	模块 8:TH10(译码输入)	将数据送入译码模块

(4) 实验操作及波形观测。

① 观测编码输入数据和编码输出数据。用示波器分别观测和记录 TH3(编码输入-数据)和 TH6(编码输出)的波形,验证 CMI 编码规则。

② 观测编码输入数据和译码输出数据。用示波器分别观测和记录 TH3(编码输入-数据)和 TH13(译码输出)的波形,测量 CMI 码的延时。

(5) 断开电源,更改连线及设置,见表 2-6。

表 2-6　HDB3 编译码(信号输入改为 DoutMUX)实验连线说明

源端口	目的端口	连线说明
模块 2:DoutMUX	模块 8:TH3(编码输入-数据)	基带信号输入
模块 2:BSOUT	模块 8:TH4(编码输入-时钟)	提供编码时钟信号
模块 8:TH6(编码输出)	模块 13:TH7(数字锁相环输入)	数字锁相环法位同步提取
模块 13:TH5(BS2)	模块 8:TH9(译码时钟输入)	提供译码时钟信号
模块 8:TH6(编码输出)	模块 8:TH10(译码输入)	将数据送入译码模块

(6) 开电,设置主控菜单,选择“主菜单”→“通信原理”→“CMI 码”→“无误码”。将模块 13 的拨码开关 S3 置为 0011,即提取 512 kHz 的同步时钟。

(7) 将模块 2 的拨码开关 S1, S2, S3, S4 置为 00000000, 00000000, 00000000, 00000011,用示波器分别观测编码输入数据和编码输出数据,然后调节示波器,将信号耦合状况置为交流,观察并记录波形。保持连线,拨码开关由 0 到 1 逐位拨起,直到模块 2 的拨码开关置为 00111111,11111111,11111111,11111111,比较示波器波形的变化情况。

(8) 验证 CMI 的误码检测功能。设置主控 & 信号源模块,在 CMI 实验中插入误码,观测误码插入情况。

项目二　曼彻斯特(BPH)码型变换实验

【概述】 本项目通过改变输入数字信号的码型,分别观测编码输入、输出波形与译码输出波形,对比 CMI 编码,分析两种编码规则的异同,验证 BPH 编译码原理及 BPH 码是否存在直流分量。

(1) 实验连线及开关 S3 的设置与项目一相同。

(2) 开电,设置主控菜单,选择“主菜单”→“通信原理”→“BPH 码”→“无误码”。

(3) 实验系统处于初始状态:PN 为 256 kHz 的方波序列。

(4) 重复项目一的实验步骤,进行 BPH 码编码规则观测和 BPH 码直流分量观测。

第三章
基本数字调制技术

实验九　ASK 调制及解调实验

一、实验目的

(1) 掌握用键控法产生 ASK(振幅键控)信号的方法。
(2) 掌握 ASK 非相干解调的原理。

二、实验器材

(1) 主控 & 信号源模块、模块 9 各 1 块。
(2) 双踪示波器 1 台。
(3) 连接线若干。

三、实验原理

本实验原理框图如图 3-1 所示。

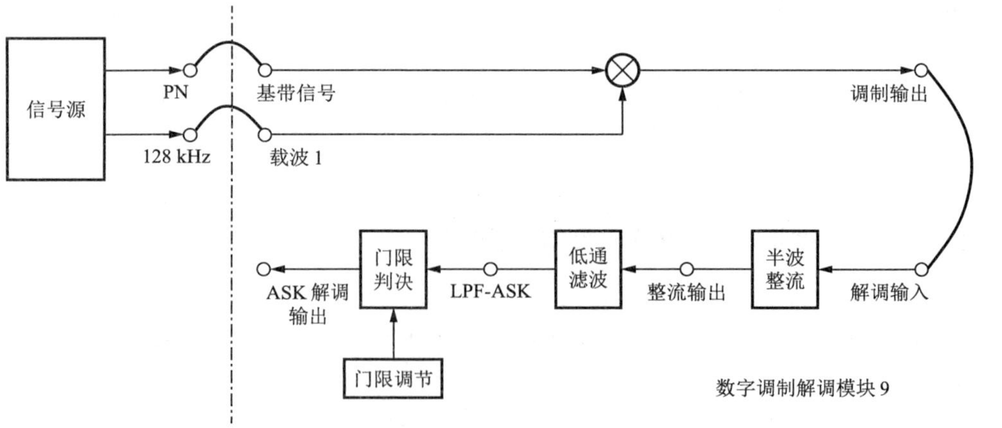

图 3-1　ASK 调制及解调实验原理框图

ASK 调制是将基带信号和载波 1 直接相乘得到已调信号，已调信号经过半波整流、低通滤波后，通过门限判决电路解调出原始基带信号。

四、实验步骤

项目一　ASK调制

【概述】 ASK调制实验中，ASK载波幅度随着基带信号的变化而变化。本项目中，通过调节PN序列输入频率或载波频率，观测基带信号波形与调制输出波形，观测每个码元对应的载波波形，验证ASK调制原理。

(1) 关电，按表3-1所示进行连线。

表3-1　ASK调制实验连线说明

源端口	目的端口	连线说明
信号源：PN	模块9：TH1(基带信号)	调制信号输入
信号源：128 kHz	模块9：TH14(载波1)	载波输入
模块9：TH4(调制输出)	模块9：TH7(解调输入)	解调信号输入

(2) 开电，设置主控菜单，选择"主菜单"→"通信原理"→"ASK数字调制解调"。将模块9的拨码开关S1置为0000。

(3) 实验系统处于初始状态：PN序列输出频率为32 kHz。

(4) 实验操作及波形观测。

① 分别观测调制输入和调制输出信号：以模块9的TH1(基带信号)为触发，用示波器同时观测TH1和TH4(调制输出)，验证ASK调制原理。

② 将PN序列输出频率改为64 kHz，观察载波个数是否发生变化。

项目二　ASK解调

【概述】 本项目通过对比观测基带信号与ASK解调输出信号，观察波形是否有延时现象，并验证ASK解调原理。观测解调输出的中间过程测试点，如TP4(整流输出)、TP5(LPF-ASK)，深入理解ASK解调过程。

(1) 保持项目一中的连线及初始状态。

(2) 分别观测调制输入以及解调输出信号：先以模块9的TH1为触发，用示波器同时观测TH1和TH6，调节主控模块的W1直至二者波形相同；再观测TP4(整流输出)、TP5(LPF-ASK)两个中间过程测试点，验证ASK解调原理。

(3) 以信号源的CLK为触发，通过模块9的TP5观测眼图。

实验十　FSK调制及解调实验

一、实验目的

(1) 掌握用键控法产生FSK信号的方法。

(2) 掌握FSK非相干解调的原理。

二、实验器材

(1) 主控 & 信号源模块、模块 9 各 1 块。
(2) 双踪示波器 1 台。
(3) 连接线若干。

三、实验原理

本实验原理框图如图 3-2 所示。

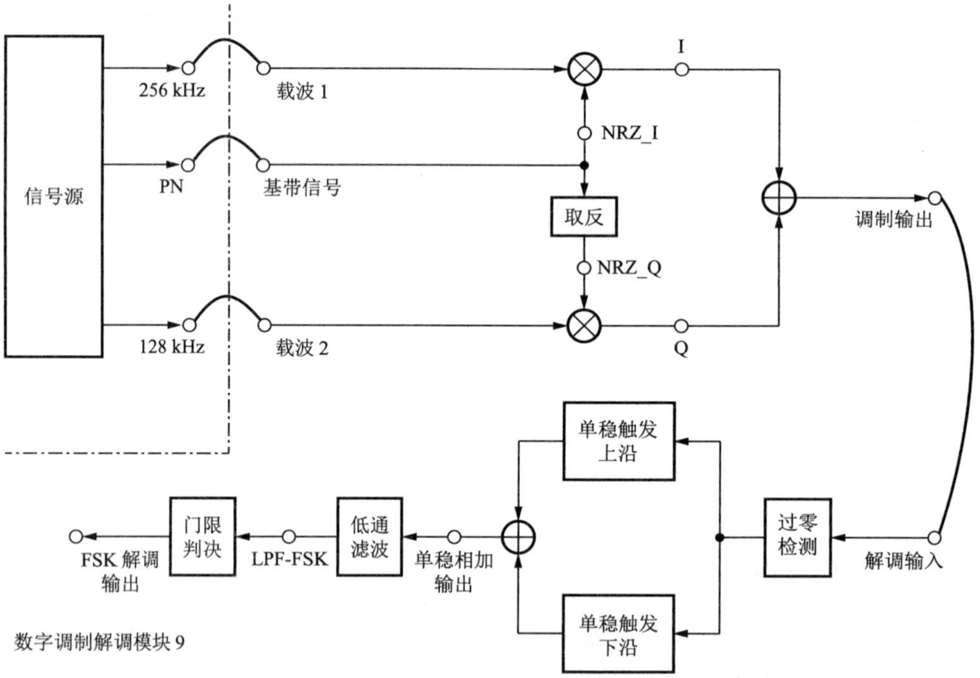

图 3-2　FSK 调制及解调实验原理框图

基带信号与载波 1 相乘得到 1 电平的 ASK 调制信号，基带信号取反后与载波 2 相乘得到 0 电平的 ASK 调制信号，两路 ASK 调制信号相加合成 FSK 调制输出。已调信号利用过零检测识别信号中载波频率的变化情况，经单稳触发电路上、下沿后相加输出，最后经过低通滤波和门限判决得到原始基带信号。

四、实验步骤

项目一　FSK 调制

【概述】 FSK 调制实验中，信号利用载波频率的变化来表征被传信息的状态。本项目中，通过调节 PN 序列输入频率，观测基带信号波形与调制输出波形，验证 FSK 调制原理。

(1) 关电，按表 3-2 所示进行连线。

表 3-2　FSK 调制实验连线说明

源端口	目的端口	连线说明
信号源:PN	模块 9:TH1(基带信号)	调制信号输入
信号源:256 kHz	模块 9:TH14(载波 1)	载波 1 输入
信号源:128 kHz	模块 9:TH3(载波 2)	载波 2 输入
模块 9:TH4(调制输出)	模块 9:TH7(解调输入)	解调信号输入

(2) 开电,设置主控菜单,选择"主菜单"→"通信原理"→"FSK 数字调制解调"。将模块 9 的拨码开关 S1 置为 0000。

(3) 实验系统处于初始状态:PN 序列输出频率为 32 kHz。

(4) 实验操作及波形观测。

① 示波器 CH1 接模块 9 的 TH1(基带信号),CH2 接模块 9 的 TH4(调制输出)。以 TH1 为触发,观测 FSK 调制输入及输出,验证 FSK 调制原理。

② 将 PN 序列输出频率改为 64 kHz,观察载波个数是否发生变化。

项目二　FSK 解调

【概述】 FSK 解调实验中采用非相干解调法对 FSK 调制信号进行解调。本项目通过对比观测基带信号与 FSK 解调输出信号,观察波形是否有延时现象,并验证 FSK 解调原理。观测解调输出的中间过程测试点,如 TP6(单稳相加输出)、TP7(LPF-FSK)、TH8(FSK 解调输出),深入理解 FSK 解调过程。

(1) 保持项目一中的连线及初始状态。

(2) 分别观测调制输入以及解调输出信号:以模块 9 的 TH1 为触发,用示波器分别观测 TH1 和 TP6(单稳相加输出)、TP7(LPF-FSK)、TH8(FSK 解调输出),验证 FSK 解调原理。

(3) 以信号源的 CLK 为触发,通过模块 9 的 TP7(LPF-FSK)观测眼图。

实验十一　BPSK 调制及解调实验

一、实验目的

(1) 掌握 BPSK 调制和解调的基本原理。

(2) 掌握 BPSK 数据传输过程,熟悉典型电路。

(3) 了解数字基带波形时域形成的原理和方法,掌握滚降系数的概念。

(4) 熟悉 BPSK 调制载波包络的变化。

二、实验器材

(1) 主控 & 信号源模块、模块 9、模块 13 各 1 块。

(2) 双踪示波器 1 台。

(3) 连接线若干。

三、实验原理

本实验原理框图如图 3-3 所示。

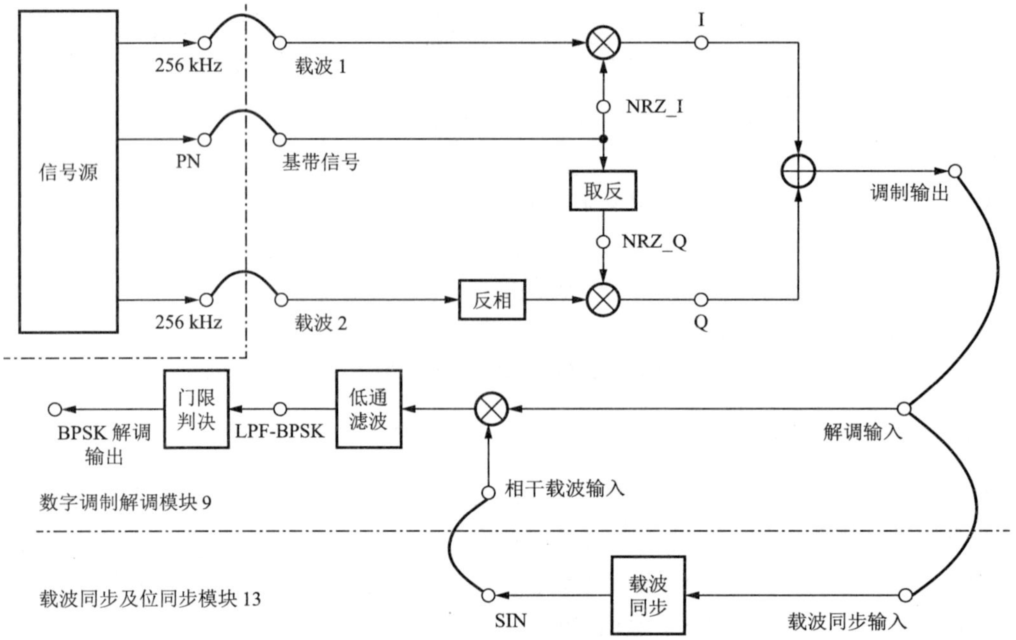

图 3-3 BPSK 调制及解调实验原理框图

基带信号的 1 电平和 0 电平信号分别与 256 kHz 载波及 256 kHz 反相载波相乘，相乘后的信号叠加后得到 BPSK 调制输出，已调信号送入模块 13，得到同步载波，已调信号与相干载波相乘后，经过低通滤波和门限判决解调输出原始基带信号。

四、实验步骤

项目一 BPSK 调制(模块 9)

【概述】 BPSK 调制实验中用相位相差 180°的载波变换来表征被传递的信息。本项目通过对比观测基带信号波形与调制输出波形来验证 BPSK 调制原理。

(1) 关电，按表 3-3 所示进行连线。

表 3-3 BPSK 调制信号观测实验连线说明

源端口	目的端口	连线说明
信号源:PN	模块 9:TH1(基带信号)	调制信号输入
信号源:256 kHz	模块 9:TH14(载波 1)	载波 1 输入
信号源:256 kHz	模块 9:TH3(载波 2)	载波 2 输入
模块 9:TH4(调制输出)	模块 13:TH2(载波同步输入)	载波同步模块信号输入

续表

源端口	目的端口	连线说明
模块 13:TH1(SIN)	模块 9:TH10(相干载波输入)	解调载波
模块 9:TH4(调制输出)	模块 9:TH7(解调输入)	解调信号输入

(2) 开电,设置主控菜单,选择“主菜单”→“通信原理”→“BPSK/DBPSK 数字调制解调”。将模块 9 的拨码开关 S1 置为 0000。

(3) 实验系统处于初始状态:PN 序列输出频率为 32 kHz。

(4) 实验操作及波形观测。

① 以模块 9 的 NRZ_I 为触发,观测 I。

② 以模块 9 的 NRZ_Q 为触发,观测 Q。

③ 以模块 9 的基带信号为触发,观测调制输出。

思考:通过以上观测到的波形,分析 BPSK 调制信号与 ASK 调制信号的关系。

项目二 BPSK 解调(模块 9)

【概述】 本项目通过对比观测基带信号与 BPSK 解调输出信号,观察波形是否有延时现象,并验证 BPSK 解调原理。观测解调输出的中间过程测试点,如 TP7(LPF-BPSK),深入理解 BPSK 解调过程。

(1) 保持项目一中的连线及初始状态。

(2) 以模块 9 的基带信号为触发,观测模块 13 的 SIN;调节模块 13 的 W1,使 SIN 波形稳定,即恢复出载波。

(3) 以模块 9 的基带信号为触发,观测 BPSK 解调输出;多次单击模块 13 的复位键,观测 BPSK 解调输出的变化。

(4) 以信号源的 CLK 为触发,通过模块 9 的 LPF-BPSK 观测眼图。

实验十二 DBPSK 调制及解调实验

一、实验目的

(1) 掌握 DBPSK 调制和解调的基本原理。

(2) 掌握 DBPSK 数据传输过程,熟悉典型电路。

(3) 熟悉 DBPSK 调制载波包络的变化。

二、实验器材

(1) 主控 & 信号源模块、模块 9、模块 13 各 1 块。

(2) 双踪示波器 1 台。

(3) 连接线若干。

三、实验原理

本实验原理框图如图 3-4 所示。

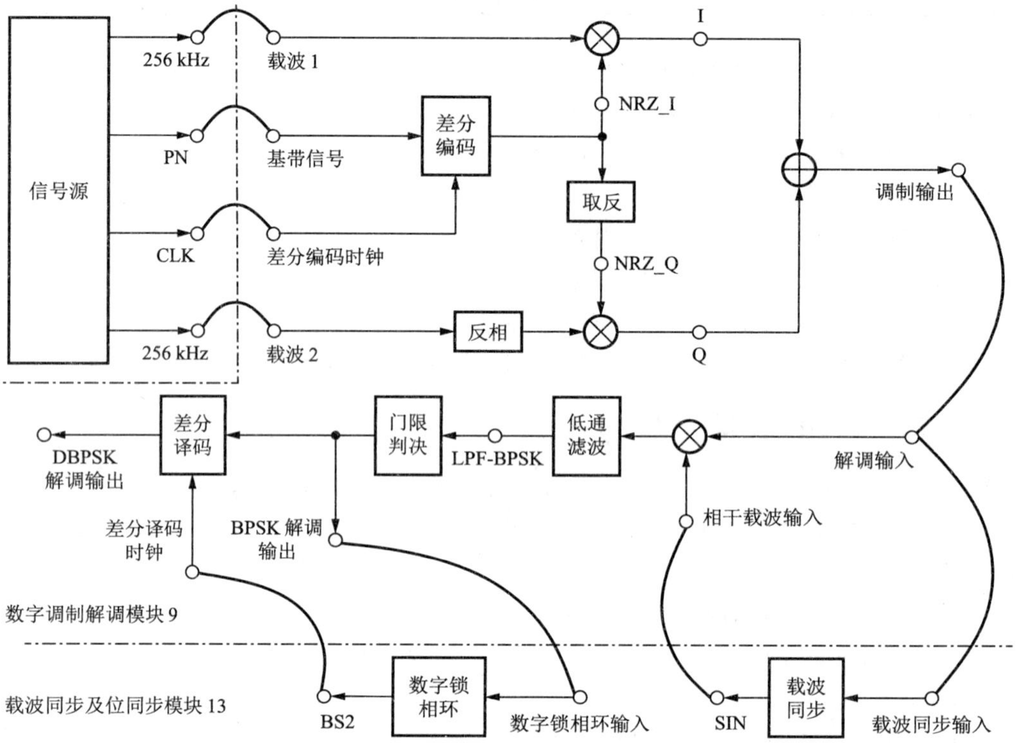

图 3-4　DBPSK 调制及解调实验原理框图

首先基带信号经过差分编码得到相对码，然后相对码的 1 电平和 0 电平信号分别与 256 kHz 载波及 256 kHz 反相载波相乘，相乘后的信号叠加后得到 DBPSK 调制输出。已调信号送入模块 13 的载波提取单元得到同步载波。已调信号与相干载波相乘后，经过低通滤波和门限判决解调输出原始相对码，最后经过差分译码恢复输出原始基带信号。

四、实验步骤

项目一　DBPSK 调制(模块 9)

【概述】 DBPSK 调制实验用相位相差 180°的载波变换来表征被传递的信息。本项目通过对比观测基带信号波形与调制输出波形来验证 DBPSK 调制原理。

(1) 关电，按表 3-4 所示进行连线。

表 3-4　DBPSK 调制信号观测实验连线说明

源端口	目的端口	连线说明
信号源：PN	模块 9：TH1(基带信号)	调制信号输入

续表

源端口	目的端口	连线说明
信号源:256 kHz	模块 9:TH14(载波 1)	载波 1 输入
信号源:256 kHz	模块 9:TH3(载波 2)	载波 2 输入
信号源:CLK	模块 9:TH2(差分编码时钟)	调制时钟信号输入
模块 9:TH4(调制输出)	模块 13:TH2(载波同步输入)	载波同步模块信号输入
模块 13:TH1(SIN)	模块 9:TH10(相干载波输入)	解调载波
模块 9:TH4(调制输出)	模块 9:TH7(解调输入)	解调信号输入
模块 9:TH12(BPSK 解调输出)	模块 13:TH7(数字锁相环输入)	数字锁相环信号输入
模块 13:TH5(BS2)	模块 9:TH11(差分译码时钟)	差分译码时钟信号输入

(2) 开电,设置主控菜单,选择"主菜单"→"通信原理"→"BPSK/DBPSK 数字调制解调"。将模块 9 的拨码开关 S1 置为 0100,模块 13 的拨码开关 S3 置为 0111。

(3) 实验系统处于初始状态:PN 序列输出频率为 32 kHz;调节主控模块的 W3,使 256 kHz 载波信号的峰峰值为 3 V。

(4) 实验操作及波形观测。

① 以模块 9 的 NRZ_I 为触发,观测 I。

② 以模块 9 的 NRZ_Q 为触发,观测 Q。

③ 以模块 9 的基带信号为触发,观测调制输出。

项目二 DBPSK 差分信号观测(模块 9)

【概述】 本项目通过对比观测基带信号波形与 NRZ-I 输出波形,观察差分信号,验证差分变换原理。

(1) 保持项目一中的连线。

(2) 将模块 9 的拨码开关 S1 置为 0100。

(3) 以模块 9 的基带信号为触发,观测 NRZ_I。记录波形,并分析差分编码规则。

项目三 DBPSK 解调(模块 9)

【概述】 本项目通过对比观测基带信号与 DBPSK 解调输出信号,观察波形是否有延时现象,并验证 DBPSK 解调原理。

(1) 保持项目一中的连线。

(2) 将模块 9 的拨码开关 S1 置为 0100。

(3) 以模块 9 的基带信号为触发,观测模块 13 的 SIN;调节模块 13 的 W1,使 SIN 波形稳定,即恢复出载波。

(4) 以模块 9 的基带信号为触发,观测 DBPSK 解调输出;多次单击模块 13 的复位键,观测 DBPSK 解调输出的变化。

(5) 以信号源的 CLK 为触发,通过模块 9 的 LPF-BPSK 观测眼图。

实验十三　QPSK/OQPSK 调制实验

一、实验目的

(1) 掌握 QPSK 调制原理。
(2) 了解 OQPSK 调制原理。

二、实验器材

(1) 主控 & 信号源模块、模块 9 各 1 块。
(2) 双踪示波器 1 台。
(3) 连接线若干。

三、实验原理

本实验原理框图如图 3-5 所示。

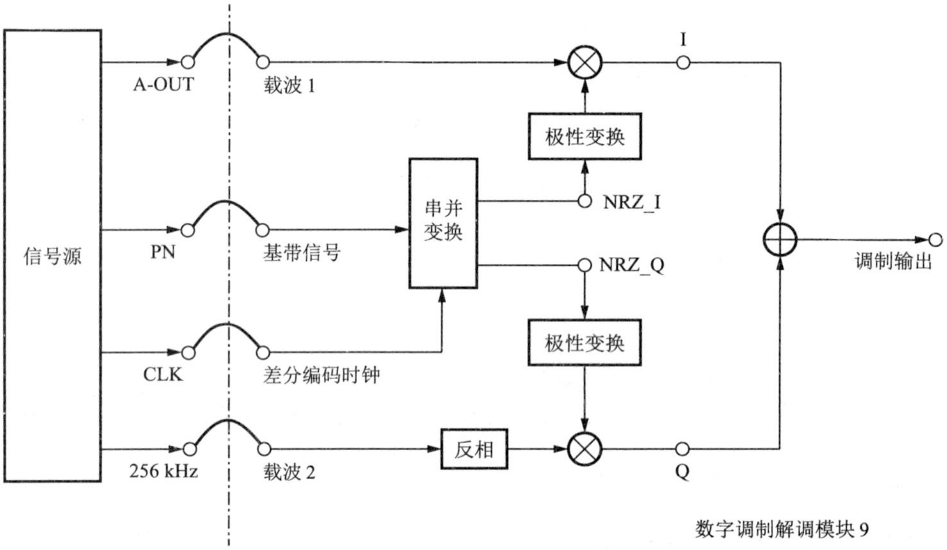

图 3-5　QPSK/OQPSK 调制实验原理框图

QPSK 调制和 OQPSK 调制实验原理框图大体一致，基带信号通过串并变换分为 I 路和 Q 路，两路信号分别与 256 kHz 载波和 256 kHz 反相载波相乘，相乘后的信号叠加后经过 QPSK/OQPSK 调制输出。QPSK/OQPSK 调制的不同点在于两者串并变换的输出数据不同。QPSK 调制可以看作是两路 BPSK 信号的叠加。两路 BPSK 信号分别是原基带信号的奇数位和偶数位，其载波频率相同，相位相差 90°。OQPSK 调制与 QPSK 调制相比，两路 BPSK 信号的相位存在区别，QPSK 调制中两路 BPSK 信号是完全对齐的，而 OQPSK 调制中两路 BPSK 信号相差半个时钟周期。

四、实验步骤

项目 QPSK/OQPSK 调制

【概述】 本项目通过选择不同的调制方式，对比观测两种调制方式的星座图，验证两种调制方式的原理并理解两种调制方式的区别。

（1）关电，按表 3-5 所示进行连线。

表 3-5 QPSK/OQPSK 数字调制实验连线说明

源端口	目的端口	连线说明
信号源：PN	模块 9：TH1（基带信号）	调制信号输入
信号源：A-OUT	模块 9：TH14（载波 1）	载波 1 输入
信号源：256 kHz	模块 9：TH3（载波 2）	载波 2 输入
信号源：CLK	模块 9：TH2（差分编码时钟）	调制时钟信号输入

（2）开电，设置主控菜单，选择“主菜单”→“通信原理”→“QPSK/OQPSK 数字调制”。将模块 9 的拨码 S1 置为 1011，即选择调制方式为 QPSK。

（3）实验系统处于初始状态：PN 序列输出频率为 32 kHz。

（4）实验操作及波形观测。

① 示波器 CH1 接模块 9 的 TH1（基带信号），CH2 接模块 9 的 TH4（调制输出）。以 TH1 为触发，观测调制输入及输出，验证 QPSK/OQPSK 调制原理。

② 示波器 CH1 接模块 9 的 TP2（NRZ_I），CH2 接模块 9 的 TP9（NRZ_Q），观察星座图。

③ 将模块 9 的拨码开关 S1 置为 1111，即选择调制方式为 OQPSK，重复上述步骤。通过波形分析 QPSK 调制与 OQPSK 调制的区别。

第四章
信道编译码技术

实验十四　汉明码编译码实验

一、实验目的

(1) 了解信道编码在通信系统中的重要性。
(2) 掌握汉明码编译码原理。
(3) 掌握汉明码检错、纠错原理。

二、实验器材

(1) 主控 & 信号源模块、模块 6、模块 2 各 1 块。
(2) 双踪示波器 1 台。
(3) 连接线若干。

三、实验原理

本实验原理框图如图 4-1 所示。

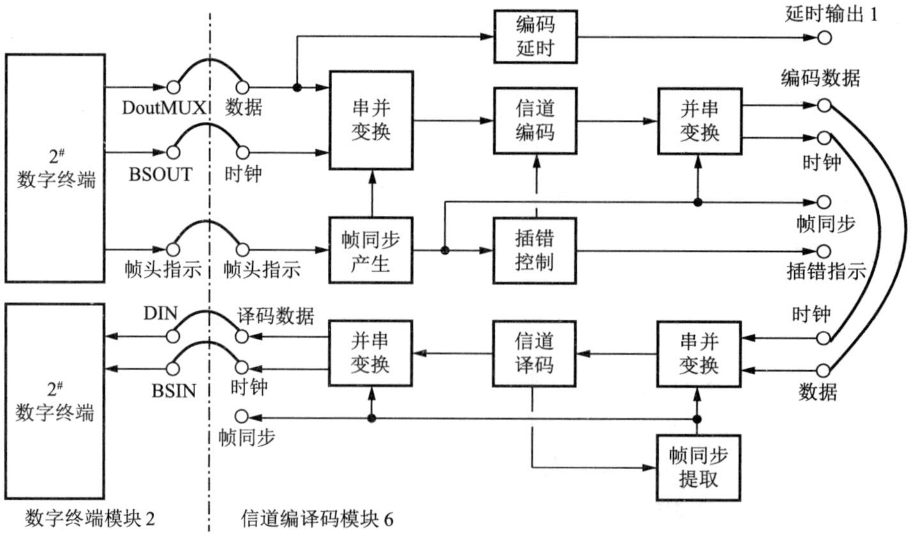

图 4-1　汉明码编译码实验原理框图

四、实验步骤

项目一　汉明码编码规则验证

【概述】 本项目通过改变输入数字信号的码型来观测延时输出、编码输出及译码输出，并验证汉明码编码规则。

（1）关电，按表 4-1 所示进行连线。

表 4-1　汉明码编码规则验证实验连线说明

源端口	目的端口	连线说明
模块 2：TH1(DoutMUX)	模块 6：TH1(编码输入-数据)	编码信号输入
模块 2：TH9(BSOUT)	模块 6：TH2(编码输入-时钟)	提供编码时钟信号
模块 2：TH10(辅助观测-帧头指示)	模块 6：TH3(辅助观测-帧头指示)	编码帧头指示
模块 6：TH5(编码输出-编码数据)	模块 6：TH7(译码输入-数据)	将数据送入译码模块
模块 6：TH6(编码输出-时钟)	模块 6：TH8(译码输入-时钟)	提供译码时钟信号
模块 6：TH4(辅助观测-延时输出 1)	模块 6：TH9(辅助观测-NRZD-IN)	延时输出

（2）开电，设置主控菜单，选择"主菜单"→"通信原理"→"汉明码"。

① 将模块 2 的拨码开关 S1 置为 10100000，拨码开关 S2，S3，S4 均置为 00000000。

② 将模块 6 的拨码开关 S1 置为 0001，即编码方式为汉明码；将拨码开关 S3 置为 0000，即无错模式；按下 S2 系统复位键。

（3）实验系统处于初始状态：模块 2 提供 32 kHz 编码输入数据，模块 6 进行汉明码编译码，系统处于无差错插入模式。

（4）实验操作及波形观测。

① 用示波器观测模块 6 的 TH5（编码输出-编码数据）输出波形。

注：为方便观测，可以将 TH4（辅助观测-延时输出 1）作为输出波形的对比观测点。TH4 和 TH5 处观测的两个波形是同步的。

② 设置模块 2 拨码开关 S1 的前 4 位，观测编码输出并填入表 4-2 中。

表 4-2　编码输出记录表

输　入	编码输出	输　入	编码输出
0000		0110	
0001		0111	
0010		1000	
0011		1001	
0100		1010	
0101		1011	

续表

输　入	编码输出	输　入	编码输出
1100		1110	
1101		1111	

项目二　汉明码检、纠错性能检验

【概述】 本项目通过插入不同个数、不同位置的误码，观测译码结果与输入信号，验证汉明码的检、纠错能力。

（1）保持项目一中的连线。

（2）将模块6的拨码开关S3置为0001，即插入单个错；按下S2系统复位键。

（3）对比观测译码结果与输入信号，验证汉明码的纠错能力。

注：为便于观测，测试点TP3（延时输出2）是对输入信号的延时，对比TH10（译码输出），这两个信号是同步的。

（4）对比观测插错指示与误码指示，验证汉明码的检错能力。

（5）将模块6的拨码开关S3按照插错控制表中的拨码方式，逐一插入不同错误，按下S2系统复位键。重复步骤（3）和（4），验证汉明码的检、纠错能力。

（6）将示波器触发源通道接TP2（帧同步），另外一个通道接TP1（插错指示），观测插错位置。

实验十五　BCH码编译码实验

一、实验目的

（1）了解信道编码在通信系统中的重要性。

（2）掌握BCH码编译码原理。

（3）掌握BCH码检错、纠错原理。

（4）了解CPLD实现BCH码编译码的方法。

二、实验器材

（1）主控&信号源模块、模块6各1块。

（2）双踪示波器1台。

（3）连接线若干。

三、实验原理

本实验原理框图如图4-2所示。

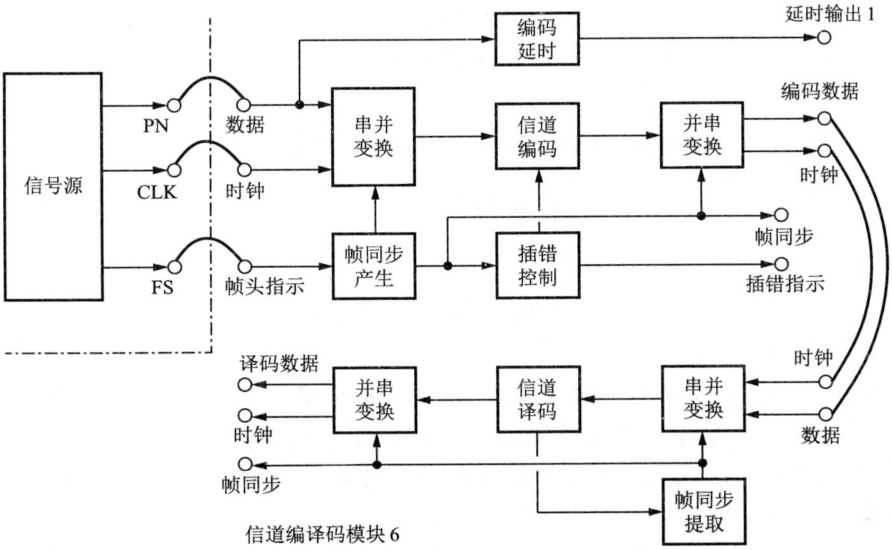

图 4-2 BCH 码编译码实验原理框图

四、实验步骤

项目一 BCH 编码规则验证

【概述】 本项目通过观测并记录编码输入与输出波形，验证 BCH 码编码规则。

（1）关电，按表 4-3 所示进行连线。

表 4-3 编码输出记录表

源端口	目的端口	连线说明
信号源：CLK	模块 6：TH2（编码输入-时钟）	提供编码时钟信号
信号源：PN	模块 6：TH1（编码输入-数据）	编码信号输入
信号源：FS	模块 6：TH3（辅助观测-帧头指示）	编码帧头指示
模块 6：TH5（编码输出-编码数据）	模块 6：TH7（译码输入-数据）	将数据送入译码模块
模块 6：TH6（编码输出-时钟）	模块 6：TH8（译码输入-时钟）	提供译码时钟信号
模块 6：TH4（辅助观测-延时输出 1）	模块 6：TH9（辅助观测-NRZD-IN）	延时输出

（2）开电，设置主控菜单，选择"主菜单"→"通信原理"→"BCH 码"。将模块 6 的拨码开关 S1 置为 0011，即编码方式为 BCH；将拨码开关 S3 置为 0000，即无错模式；按下 S2 系统复位键。

（3）实验系统处于初始状态：编码输入数据和时钟的频率为 4 kHz，FS 处于模式 3，编码方式为 BCH，系统处于无差错插入模式。

（4）实验操作及波形观测。

① 将示波器分别接帧同步信号 TH3（辅助观测-帧头指示）及编码输入信号 TH1（编码输入-数据），以 TH3 为触发，观测 TH1，以 TH3 脉冲下降沿对应的 PN 序列为起始点，读出并记录 15 位 PN 序列码型，可每 5 位之间以"_"分隔。

② 保持TH3的示波器探头不变，仍以它为触发，另一通道观测BCH编码输出信号TH5(编码输出-编码数据)。仍以记录NRZ信号时的参考脉冲为起始，记录BCH编码，每15位之间以“_”分隔。

③ 对比记录的PN序列及编码输出，结合原理，分析验证编码规则。

项目二 BCH码检、纠错性能检验

【概述】 本项目通过插入不同个数、不同位置的误码，观测译码结果与输入信号，验证BCH码的检、纠错能力，并与汉明码的检、纠错能力进行对比。

(1) 保持项目一中的连线。

(2) 将模块6的拨码开关S3置为0001，即插入单个错；按下S2系统复位键。

(3) 对比观测译码结果与输入信号，验证BCH码的纠错能力。

注：为了便于观测，测试点TP3(延时输出2)是对输入信号的延时，对比TH10(译码输出)，这两个信号是同步的。

(4) 对比观测插错指示与误码指示，验证BCH码的检错能力。

(5) 将模块6的拨码开关S3按照插错控制表中的拨码方式，逐一插入不同错误，按下S2系统复位键。重复步骤(3)和(4)，验证BCH码的检、纠错能力。

实验十六 循环码编译码实验

一、实验目的

(1) 了解信道编码在通信系统中的重要性。

(2) 掌握循环码编译码原理。

(3) 掌握循环码检错、纠错原理。

(4) 了解CPLD实现循环码编译码的方法。

二、实验器材

(1) 主控&信号源模块、模块6、模块2各1块。

(2) 双踪示波器1台。

(3) 连接线若干。

三、实验原理

本实验原理框图如图4-3所示。

四、实验步骤

项目一 循环码编码规则验证

【概述】 本项目通过改变输入数字信号的码型来观测延时输出、编码输出以及译码输

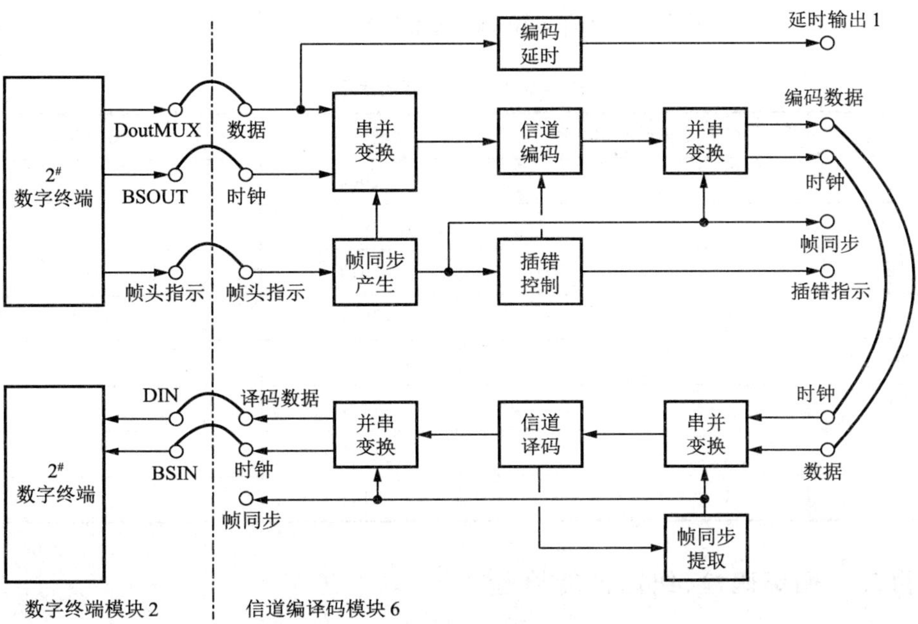

图 4-3　循环码编译码实验原理框图

出，验证循环码编译码规则，并与汉明码编码规则进行对比。

(1) 关电，按表 4-4 所示进行连线。

表 4-4　循环码编码规则验证实验连线说明

源端口	目的端口	连线说明
模块 2：TH1(DoutMUX)	模块 6：TH1(编码输入-数据)	编码信号输入
模块 2：TH9(BSOUT)	模块 6：TH2(编码输入-时钟)	提供编码时钟信号
模块 2：TH10(辅助观测-帧头指示)	模块 6：TH3(辅助观测-帧头指示)	提供编码帧头
模块 6：TH5(编码输出-编码数据)	模块 6：TH7(译码输入-数据)	将数据送入译码模块
模块 6：TH6(编码输出-时钟)	模块 6：TH8(译码输入-时钟)	提供译码时钟信号
模块 6：TH4(辅助观测-延时输出 1)	模块 6：TH9(辅助观测-NRZD-IN)	延时输出

(2) 开电，设置主控菜单，选择“主菜单”→“通信原理”→“循环码”。

① 将模块 2 的拨码开关 S1 置为 10100000，拨码开关 S2，S3，S4 均置为 00000000。

② 将模块 6 的拨码开关 S1 置为 0010，即编码方式为循环码；将拨码开关 S3 置为 0000，即无错模式；按下 S2 系统复位键。

(3) 实验系统处于初始状态：模块 2 提供 32 kHz 编码输入数据，模块 6 进行循环编译码，系统处于无差错插入模式。

(4) 实验操作及波形观测。

① 用示波器观测模块 6 的 TH5(编码输出-编码数据)的输出波形。

注：为方便观测，可以将 TH4(辅助观测-延时输出 1)作为输出波形的对比观测点。TH4 和 TH5 处观测的两个波形是同步的。

② 设置模块 2 拨码开关 S1 的前 4 位，观测编码输出并填入表 4-5 中。

表 4-5　编码输出记录表

输　入	编码输出	输　入	编码输出
0000		1000	
0001		1001	
0010		1010	
0011		1011	
0100		1100	
0101		1101	
0110		1110	
0111		1111	

项目二　循环码检、纠错性能检验

【概述】 本项目通过插入不同个数、不同位置的误码，观测译码结果与输入信号，验证循环码的检、纠错能力，并与汉明码的检、纠错能力进行对比。

(1) 保持项目一中的连线。

(2) 将模块 6 的拨码开关 S3 置为 0001，即插入单个错；按下 S2 系统复位键。

(3) 对比观测译码结果与输入信号，验证循环码的纠错能力。

注：为了便于观测，测试点 TP3(延时输出 2)是对输入信号的延时，对比 TH10(译码输出)，这两个信号是同步的。

(4) 对比观测插错指示与误码指示，验证循环码的检错能力。

(5) 将模块 6 的拨码开关 S3 按照插错控制表中的拨码方式，逐一插入不同错误，按下 S2 系统复位键。重复步骤(3)和(4)，验证循环码的检、纠错能力。

(6) 将示波器触发源通道接 TP2(帧同步)，另一个通道接 TP1(插错指示)，观测插错位置。

实验十七　卷积码编译码实验

一、实验目的

(1) 了解信道编码在通信系统中的重要性。

(2) 掌握卷积码编译码原理。

(3) 掌握卷积码检错、纠错原理。

(4) 了解 CPLD 实现卷积码编译码的方法。

二、实验器材

(1) 主控 & 信号源模块 1 块，模块 6 2 块。

（2）双踪示波器 1 台。

（3）连接线若干。

三、实验原理

本实验原理框图如图 4-4 所示。

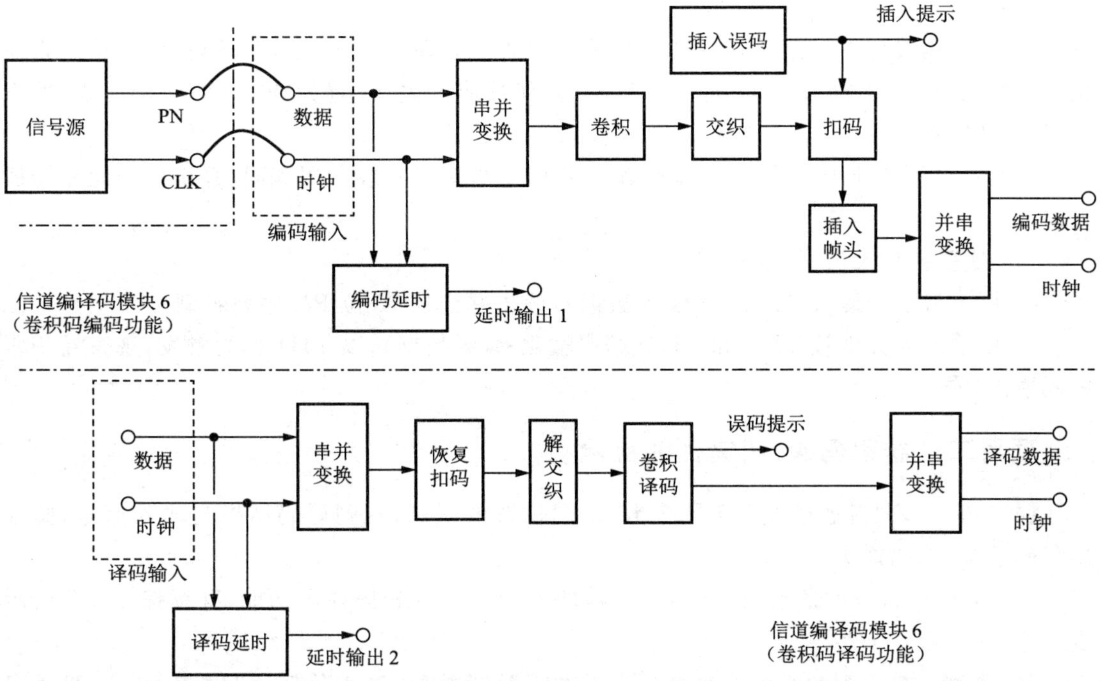

图 4-4　卷积码编译码实验原理框图

卷积码编码：卷积码编码并没有分组成帧的概念，但当卷积码编码长度增加时，译码的运算量成几何倍数增加，因此需要对卷积码规定一个帧长度。这里规定卷积码帧长度为 248 bit。为了方便找到帧头，在每一帧的前面加入 11 位的巴克码作为帧同步码（最前面还添加了一个 0）。例如，248 bit 经卷积码编码后是 504 bit，加上帧同步码及前面的 0，共 516 bit，处理这样长的编码速率会很低，因此需要进行扣码。扣码是利用卷积码纠错能力强的特点，将编码后的 504 bit 每隔 25 bit 扣除一个码，共扣除 20 bit。这样最终成帧的长度是 496 bit，刚好是输入信号速率的 2 倍，时序上很容易处理。

卷积码译码：首先进行帧同步提取。提取到帧同步后，将每一帧数据进行缓存，再做下一步处理。当缓存 1 帧数据后，由于编码时进行了扣码，所以这里需要恢复扣码。将 484 bit 每隔 25 bit 插入 1 个 0，然后进行卷积码译码。

四、实验步骤

项目一　卷积码编码规则验证

【概述】 本项目通过观测并记录编码输入与输出波形，验证卷积码编码规则。

(1) 关电,按表 4-6 所示进行连线。

表 4-6　卷积码编码规则验证实验连线说明

源端口	目的端口	连线说明
信号源:CLK	模块 6:TH2(编码输入-时钟)	提供编码时钟信号
信号源:PN	模块 6:TH1(编码输入-数据)	编码信号输入

(2) 开电,设置主控菜单,选择"主菜单"→"通信原理"→"卷积码编译码及交织"。将模块 6 的拨码开关 S1 置为 0100,即卷积码编码;将拨码开关 S3 置为 0000,即无错模式;按下 S2 系统复位键。

(3) 实验系统处于初始状态:编码输入 8 kHz 数据进行卷积码编码,系统处于无差错插入模式。

(4) 实验操作及波形观测。

① 用示波器观测 TH1(编码-输入数据),读出并记录 15 位 PN 序列码型。

② 用示波器分别接 TH1 和 TH5(编码输出-编码数据),以 TH1 作为触发,观察卷积码编码输出。

项目二　卷积码检、纠错性能检验

【概述】 本项目通过插入不同个数、不同位置的误码,观测译码结果与输入信号,验证卷积码的检、纠错能力。

(1) 保持项目一中的连线,在另一块模块 6 上设置卷积码译码功能,继续按表 4-7 所示进行连线。

注:项目一中用到的模块 6 主要完成卷积码编码功能,这里简写为"1# 模块 6";用于完成卷积码译码功能的模块 6,这里简写为"2# 模块 6"。连线时要注意区分。

表 4-7　卷积码检、纠错性能检验实验连线说明

源端口	目的端口	连线说明
1# 模块 6:TH5(编码输出-编码数据)	2# 模块 6:TH7(译码输入-数据)	将数据送入译码模块
1# 模块 6:TH6(编码输出-时钟)	2# 模块 6:TH8(译码输入-时钟)	提供译码时钟信号
1# 模块 6:TH4(辅助观测-延时输出 1)	2# 模块 6:TH9(辅助观测-NRZD-IN)	延时观测

(2) 开电,设置主控菜单,选择"主菜单"→"通信原理"→"卷积码编译码及交织"。

① 将 1# 模块 6 上的拨码开关 S1 置为 0100,即卷积码编码功能;将拨码开关 S3 拨为 0000,即无错模式;按下 S2 系统复位键。

② 将 2# 模块 6 的拨码开关 S1 置为 0101,即卷积码译码功能;按下 S2 系统复位键。

(3) 实验系统处于初始状态:输入数据为 8 kHz 的序列,通过 1# 模块 6 进行卷积码编码,再通过 2# 模块 6 完成卷积码译码。

(4) 实验操作及波形观测。

① 对比观测 1# 模块 6 的 TH1(编码输入-数据)与 2# 模块 6 的 TH10(译码输出-译码

数据)，验证卷积编码、译码功能。

② 将 1# 模块 6 拨码开关 S3 置为 0001，即插入突发错，按下 1# 模块 6 以及 2# 模块 6 的 S2 系统复位键。对比观测译码结果与输入信号，验证卷积码的纠错能力。

注：为了便于观测，2# 模块 6 的测试点 TP3(延时输出 2)是对输入信号的延时，与 2# 模块 6 的 TH10 对比后发现，这两个信号是同步的。

③ 对比观测插错指示与误码指示，验证卷积码的检错能力。

④ 将 1# 模块 6 的拨码 S3 置为 0010，即插入连续错，按下 1# 模块 6 以及 2# 模块 6 的 S2 系统复位键。重复步骤②和③，验证卷积码的检、纠错能力。

实验十八　卷积交织及解交织实验

一、实验目的

(1) 掌握交织的特性。

(2) 掌握交织产生的原理及方法。

(3) 掌握交织对译码性能的影响。

二、实验器材

(1) 主控 & 信号源模块 1 块，模块 6 2 块。

(2) 双踪示波器 1 台。

(3) 连接线若干。

三、实验原理

本实验原理框图如图 4-5 所示。

对主控模块选择信道编码的方式，信号源产生的数据信号进入信道编译码模块 6 后先进行串并变换，然后根据编码规则查表变换为相应码型，再由 FPGA 完成检、纠错，最后编码信号经过一个逆过程译码输出。

四、实验步骤

项目一　卷积码编码及交织规则验证

【概述】 本项目通过观测并记录编码输入与卷积交织输出波形，验证卷积交织编码规则，并通过对比无交织编码结果验证交织规则。

(1) 关电，按表 4-8 所示进行连线。

(2) 开电，设置主控菜单，选择"主菜单"→"通信原理"→"卷积编译码及交织"。将模块 6 的拨码开关 S1 置为 1100，即卷积码编码及交织功能；将拨码开关 S3 置为 0000，即无错模式；按下 S2 系统复位键。

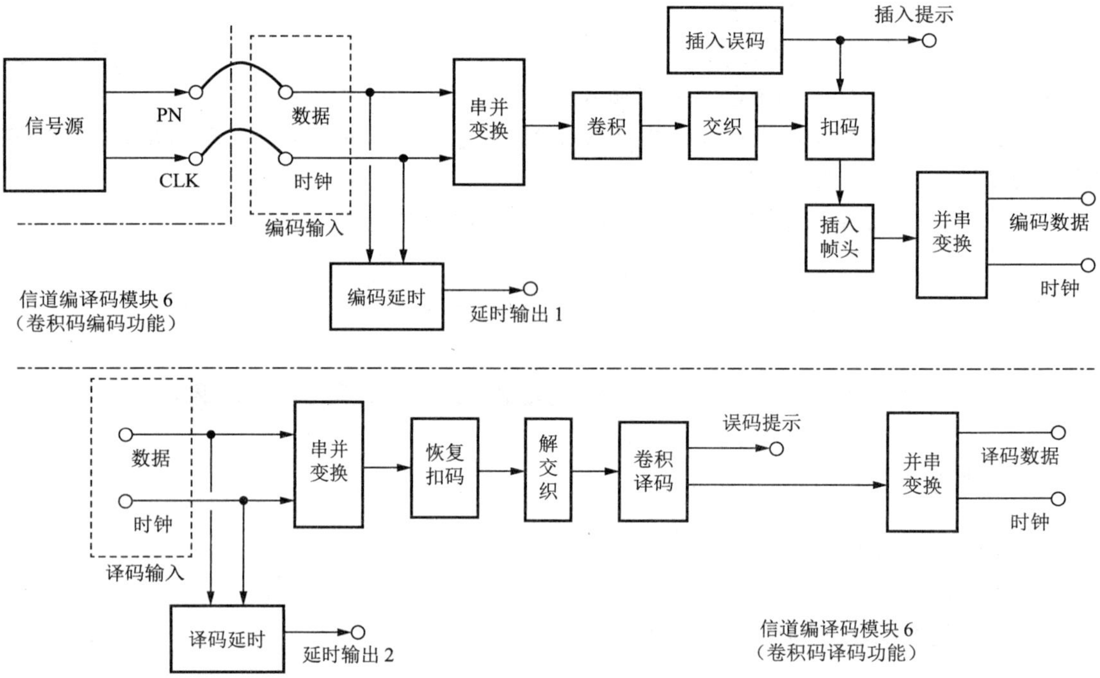

图 4-5　卷积交织及解交织实验原理框图

表 4-8　卷积码编码及交织规则验证实验连线说明

源端口	目的端口	连线说明
信号源:CLK	模块 6:TH2(编码输入-时钟)	提供编码时钟信号
信号源:PN	模块 6:TH1(编码输入-数据)	编码信号输入

(3) 实验系统处于初始状态:编码输入数据和时钟的频率为 8 kHz,送入系统进行卷积码编码及交织。

(4) 实验操作及波形观测。

① 用示波器观测 TH1(编码输入-数据),读出并记录 15 位 PN 序列码型。

② 用示波器分别接 TH1 和 TH5(编码输出-编码数据),以 TH1 作为触发,观察卷积码交织输出。

项目二　卷积交织检、纠错性能检验

【概述】　本项目通过插入不同个数、不同位置的误码,观测译码结果与输入信号,验证卷积码交织的检、纠错能力,并与无交织编码的检、纠错能力进行对比,验证在突发错以及连续错中,交织与否对检、纠错性能的影响。

(1) 保持项目一中的连线,在另一块模块 6 上设置卷积码译码与解交织功能,继续按表 4-9 所示进行连线。

注:项目一中的用到的模块 6 主要完成卷积码编码及交织功能,这里简写为“1# 模块 6”;用于完成卷积码译码及解交织功能的模块 6,这里简写为“2# 模块 6”。连线时要注意区分这两个模块。

表 4-9 卷积码编码及交织规则验证实验连线说明

源端口	目的端口	连线说明
1# 模块 6:TH5(编码输出-编码数据)	2# 模块 6:TH7(译码输入-数据)	将数据送入译码模块
1# 模块 6:TH6(编码输出-时钟)	2# 模块 6:TH8(译码输入-时钟)	提供译码时钟信号
1# 模块 6:TH4(辅助观测-延时输出 1)	2# 模块 6:TH9(辅助观测-NRZD-IN)	延时观测

(2) 开电,设置主控菜单,选择"主菜单"→"通信原理"→"卷积码编译码及交织"。

① 将 1# 模块 6 上的拨码开关 S1 置为 1100,即卷积码编码及交织功能;将拨码开关 S3 置为 0000,即无错模式;按下 S2 系统复位键。

② 将 2# 模块 6 的拨码开关 S1 置为 1101,即卷积码译码及解交织功能;按下 S2 系统复位键。

(3) 实验系统处于初始状态:输入数据为 8 kHz 的序列,通过 1# 模块 6 进行卷积码编码及交织,再通过 2# 模块 6 完成卷积码译码及解交织。

(4) 实验操作及波形观测。

① 对比观测 1# 模块 6 的 TH1(编码输入-数据)与 2# 模块 6 的 TH10(译码输出-译码数据),验证卷积交织及解交织功能。

② 将 1# 模块 6 的拨码开关 S3 置为 0001,即插入突发错,按下 1# 模块 6 以及 2# 模块 6 的 S2 系统复位键。对比观测译码结果与输入信号,验证卷积码交织的纠错能力。

注:为了便于观测,2# 模块 6 的测试点 TP3(延时输出 2)是对输入信号的延时,与 2# 模块 6 的 TH10 对比后发现,这两个信号是同步的。

③ 对比观测插错指示与误码指示,验证卷积码交织的检错能力。

④ 将 1# 模块 6 的拨码 S3 置为 0010(即插入连续错),按下 1# 模块 6 以及 2# 模块 6 的 S2 系统复位键。重复步骤②和③,验证卷积码及交织的检、纠错能力。

第五章
同步技术

实验十九　滤波法及数字锁相环法位同步提取实验

一、实验目的

（1）掌握滤波法提取位同步信号的原理及其对信息代码的要求。
（2）掌握数字锁相环法提取位同步信号的原理及其对信息代码的要求。
（3）掌握位同步器的同步建立时间、同步保持时间、位同步信号同步抖动等概念。

二、实验器材

（1）主控 & 信号源模块、模块 13 各 1 块。
（2）双踪示波器 1 台。
（3）连接线若干。

三、实验原理

1. 滤波法位同步提取实验

滤波法位同步提取实验原理框图如图 5-1 所示。

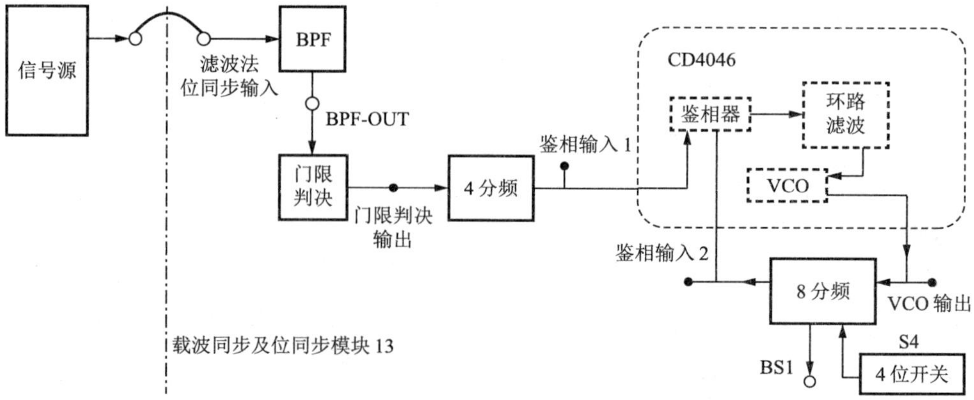

图 5-1　滤波法位同步提取实验原理框图

将单刀双掷开关 S2 上拨，选择滤波法位同步提取电路，HDB3 单极性码输入信号经一个 256 kHz 窄带滤波器(BPF)滤出同步信号分量，通过门限判决后提取位同步信号。但由于有其他频率成分的干扰，导致时钟有些部分的占空比达不到 50%，因此需要通过锁相环进行平滑处理。256 kHz 时钟信号经过 4 分频后取得一定的平滑效果，送入 CD4046 鉴相器 A 脚。当 CD4046 处于同步状态时，鉴相器 A 脚的时钟频率及相位应该与鉴相器 B 脚的相同。由于鉴相器 B 脚的时钟是 VCO 经 8 分频得到的，因此 VCO 输出的频率为 512 kHz。

2. 数字锁相环法位同步提取实验

数字锁相环法位同步提取实验原理框图如图 5-2 所示。

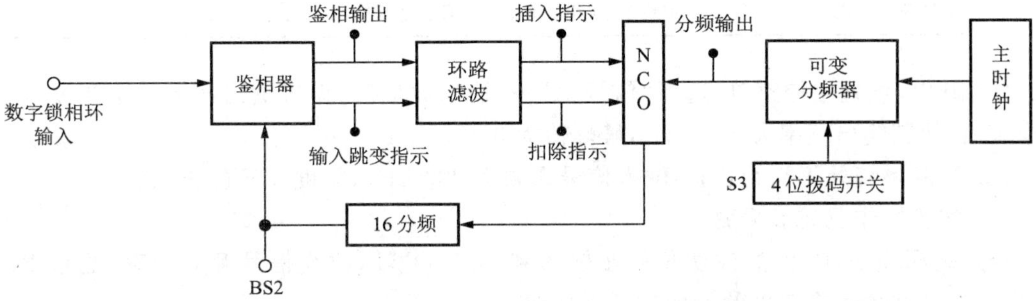

图 5-2　数字锁相环法位同步提取实验原理框图

数字锁相环法位同步提取是在接收端利用锁相环电路比较接收码元和本地产生的位同步信号相位的基础上，调整位同步信号的相位，最终获得准确的位同步信号。通过 4 位拨码开关 S3 设置 BCH 码来控制分频频率，进而控制提取的位同步时钟频率，例如设置 BCH 码为 0000 输出 4 096 kHz 频率，0011 输出 512 kHz 频率，0100 输出 256 kHz 频率，0111 输出 32 kHz 频率。

数字锁相环(DPLL)是一种相位反馈控制系统。它根据输入信号与本地估算时钟之间的相位误差对本地估算时钟的相位进行连续不断的反馈调节，从而达到本地估算时钟相位跟踪输入信号相位的目的。DPLL 通常有 3 个组成模块：数字鉴相器(DPD)、数字环路滤波器(DLF)、数控振荡器(DCO)。DPLL 框图如图 5-3 所示。根据各个模块组态的不同，DPLL 被划分出许多不同的类型。根据设计要求，本实验系统采用超前-滞后型数字锁相环(LL-DPLL)作为实验方案。在 LL-DPLL 中，DLF 用双向计数逻辑和比较逻辑实现，这样设计出来的 DPLL 具有结构简洁明快、参数调节方便、工作稳定可靠的优点。

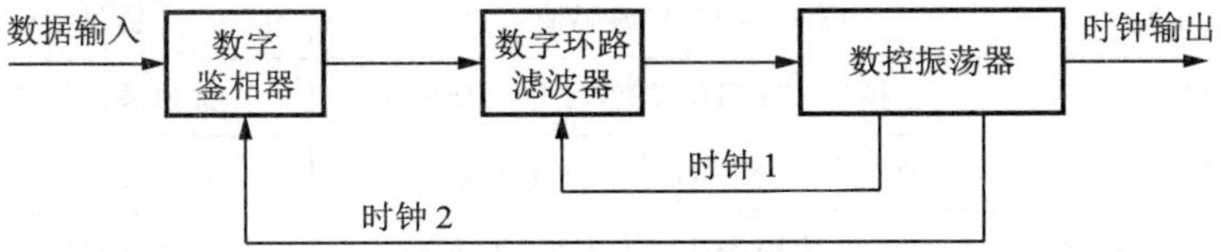

图 5-3　数字锁相环框图

四、实验步骤

项目一　滤波法位同步电路带通滤波器幅频特性测量

【概述】 该项目通过改变输入信号的频率,观测信号经滤波器后对应的输出幅度,了解并绘制滤波器的幅频特性。

(1) 关电,按表 5-1 所示进行连线。

表 5-1　滤波法位同步电路带通滤波器幅频特性测量实验连线说明

源端口	目的端口	连线说明
信号源:A-OUT	模块 13:TH3(滤波法位同步输入)	基带信号输入

(2) 开电,设置主控菜单,选择"信号源"→"输出波形"。设置输出波形为正弦波,调节相应旋钮,使其输出频率为 200 kHz,峰峰值为 3 V。

(3) 实验系统处于初始状态:输入信号为频率 200 kHz、幅度 3 V 的正弦波。

(4) 实验操作及波形观测。

分别观测模块 13 的滤波法位同步输入和 BPF-OUT,改变信号源的频率,测量 BPF-OUT 的幅度并填入表 5-2,绘制幅频特性曲线。

表 5-2　BPF-OUT 参数记录表

频率/kHz	200	210	220	230	240	250	260	270	280	290	300
幅度/V											

项目二　滤波法位同步恢复观测

【概述】 该项目通过比较和观测滤波法位同步电路中各点幅度及相位,探讨滤波法位同步的提取原理及影响因素。

(1) 关电,按表 5-3 所示进行连线。

表 5-3　滤波法位同步恢复观测实验连线说明

源端口	目的端口	连线说明
信号源:PN	模块 8:TH3(编码输入-数据)	基带信号输入
信号源:CLK	模块 8:TH4(编码输入-时钟)	提供编码时钟信号
模块 8:TH5(单极性码)	模块 13:TH3(滤波法位同步输入)	提供滤波法位同步时钟信号
模块 13:TH4(BS1)	模块 8:TH9(译码时钟输入)	提供译码时钟信号
模块 8:TH1(HDB3 输出)	模块 8:TH7(HDB3 输入)	将编码信号送入译码模块

(2) 开电,设置主控菜单,选择"信号源"→"通信原理"→"滤波法及数字锁相环位同步法提取"。将模块 13 的拨码开关 S2 拨至上方端口,将拨码开关 S4 置为 1000。

(3) 实验系统处于初始状态:输入的 PN 序列频率为 256 kHz。

(4) 实验操作及波形观测。

① 以 BPF-OUT 为触发,观测门限判决输出,记录波形。

思考:分析在何种情况下门限判决输出的时钟会不均匀,为什么?

② 以 BPF-OUT 为触发,观测鉴相输入 1,记录波形。

③ 对比门限判决输出和鉴相输入 1 的波形。

思考:时钟不均匀的情况是否有所改善?

④ 对比观测鉴相输入 1 和鉴相输入 2,记录波形,并比较两路波形的幅度和相位。

⑤ 对比观测滤波法位同步输入和 BS1,观测恢复的位同步信号。

项目三 数字锁相环法位同步观测

【概述】 该项目通过比较和观测数字锁相环位同步电路中各点相位超前、延时以及抖动情况,探讨数字锁相环法位同步的提取原理。

(1) 关电,按表 5-4 所示进行连线。

表 5-4 数字锁相环法位同步观测实验连线说明

源端口	目的端口	连线说明
信号源:PN	模块 13:数字锁相环输入	基带信号输入

(2) 开电,设置主控菜单,选择"信号源"→"通信原理"→"滤波法及数字锁相环位同步法提取"。将模块 13 的拨码开关 S3 置为 0100。

(3) 实验系统处于初始状态:输入的 PN 序列频率为 256 kHz。

(4) 实验操作及波形观测。

① 观测模块 13 的数字锁相环输入没有跳变和有跳变时输入跳变指示的波形。

② 观测模块 13 的数字锁相环输入和鉴相输出,认识相位超前、滞后情况。

③ 观测模块 13 的插入指示和扣除指示。

④ 以信号源模块的 CLK 为触发,观测模块 13 的 BS2。

思考:BS2 恢复的时钟是否有抖动的情况,为什么?试分析 BS2 抖动的区间有多大?如何减小这个抖动的区间?

实验二十 载波同步实验

一、实验目的

(1) 掌握科斯塔斯环提取载波的实现方法。

(2) 了解相干载波相位模糊现象的产生原因。

二、实验器材

(1) 主控 & 信号源模块、模块 9、模块 13 各 1 块。

(2) 双踪示波器 1 台。

（3）连接线若干。

三、实验原理

本实验原理框图如图 5-4 所示。

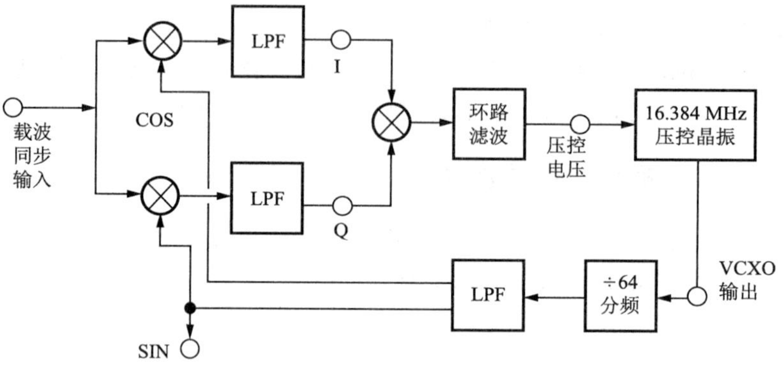

图 5-4　载波同步实验原理框图

四、实验步骤

项目　载波同步

【概述】 本项目利用科斯塔斯环法提取 BPSK 调制信号的同步载波，通过调节晶振的压控偏置电压，观测载波同步情况并分析。

（1）关电，按表 5-5 所示进行连线。

表 5-5　载波同步实验连线说明

源端口	目的端口	连线说明
信号源：PN	模块 9：TH1（基带信号）	基带信号输入
信号源：256 kHz	模块 9：TH14（载波 1）	载波 1 输入
信号源：256 kHz	模块 9：TH3（载波 2）	载波 2 输入
模块 9：TH4（调制输出）	模块 13：TH2（载波同步输入）	信号输入同步模块

（2）开电，设置主控菜单，选择“主菜单”→“通信原理”→“BPSK/DBPSK 数字调制解调”。将模块 9 的拨码开关 S1 置为 0000，调节主控模块的 W3，使 256 kHz 载波信号的峰峰值为 3 V。

（3）实验系统处于初始状态：PN 序列的输出频率为 32 kHz。

（4）实验操作及波形观测。

对比观测信号源模块的 256 kHz 和模块 13 的 SIN，调节模块 13 的压控偏置调节电位器，观测载波同步情况。

实验二十一　帧同步提取实验

一、实验目的

(1) 掌握巴克码识别原理。
(2) 掌握同步保护原理。
(3) 掌握假同步、漏同步、捕捉态、维持态的概念。

二、实验器材

(1) 主控 & 信号源模块、模块 7 各 1 块。
(2) 双踪示波器 1 台。
(3) 连接线若干。

三、实验原理

本实验原理框图如图 5-5 所示。

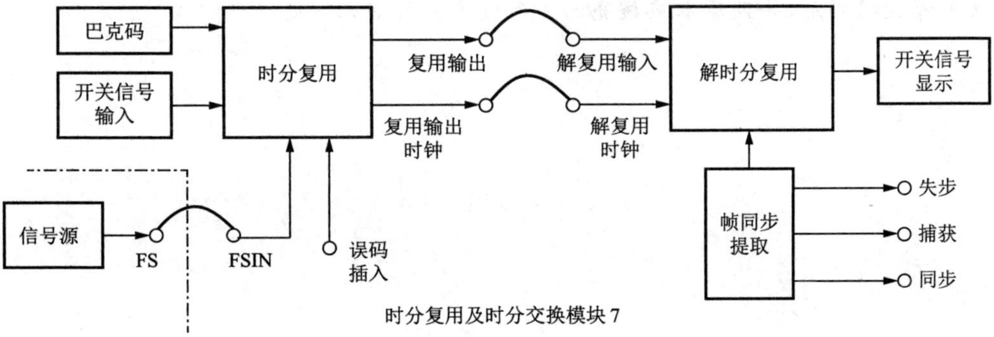

图 5-5　帧同步提取实验原理框图

四、实验步骤

项目　帧同步提取实验

【概述】 该项目通过改变输入信号的误码插入情况，观测失步、捕获以及同步状态下指示灯的变化情况，从而了解帧同步提取的原理。

(1) 关电，按表 5-6 所示进行连线。

表 5-6　载波同步实验连线说明

源端口	目标端口	连线说明
信号源:FS	模块 7:TH11(FSIN)	提供复用帧同步信号
模块 7:TH10(复用输出)	模块 7:TH18(解复用输入)	复用与解复用连接
模块 7:TH12(复用输出时钟)	模块 7:TH17(解复用时钟)	提供解复用时钟信号

(2) 开电,设置主控菜单,选择“主菜单”→“通信原理”→“帧同步”。

(3) 实验系统处于初始状态:帧同步信号频率为 8 kHz。

(4) 实验操作及波形观测。

① 先打开其他模块电源,模块 7 最后开电。观测在没有误码的情况下“失步”“捕获”“同步”3 个指示灯的变化情况。

② 先关闭模块 7 的电源,然后按住“误码插入”键不放,打开模块 7 电源,观测“失步”“捕获”“同步”3 个指示灯的变化情况。

注:误码插入是指在巴克码中插入一个差错,若单击则插入一次单个码元差错,若长按则连续插入单个码元差错。

③ 观察同步保护现象:当“同步”指示灯点亮时,将拨码开关 S1 置为 01110010,即与复用的巴克码一致,此时可观测到解复用端开关信号显示光条的亮灭情况与 S1 一致(0 为灭,1 为亮),表明系统此时对已同步的帧同步信号有一定的保护。

④ 在“同步”状态下长按“误码插入”键,观测帧同步码元出现误码时 3 个指示灯的变化情况。

⑤ 观察假同步现象:将拨码开关 S1 置为 01110010,即与复用的巴克码一致。将模块 7 关电再开电,观测开关信号显示光条的状态,注意是否出现了假同步状态。

注:当出现假同步时,时分复用单元将拨码开关 S1 的码值作为帧头码,其他码元和原巴克码被当作数据码元,导致原本应该亮的光条没有正常显示。

第六章
时分复用及解复用技术

实验二十二　时分复用及解复用实验

一、实验目的

(1) 掌握时分复用的概念及工作原理。
(2) 了解时分复用在整个通信系统中的作用。

二、实验器材

(1) 主控 & 信号源模块、模块 21、模块 2、模块 7、模块 13 各 1 块。
(2) 双踪示波器 1 台。
(3) 连接线若干。

三、实验原理

时分复用与解时分复用实验原理框分别如图 6-1 和图 6-2 所示。

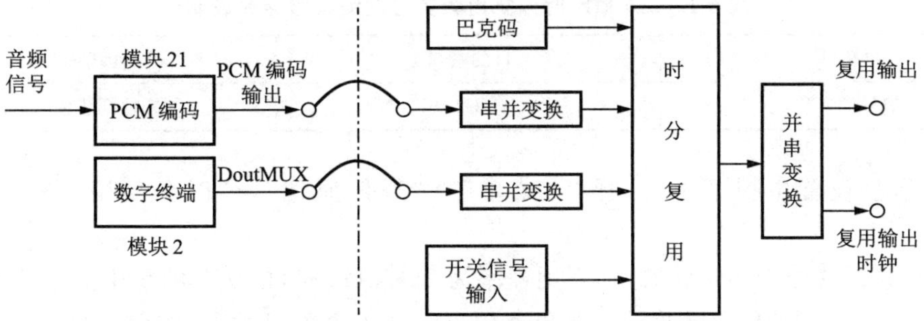

图 6-1　256 kHz 时分复用实验原理框图

注:框图中模块 21 和模块 2 的相关连线有所简略,具体参考实验步骤中所述

模块 21 的 PCM 编码数据和模块 2 的数字终端数据经过模块 7 进行 256 kHz 时分复用和解复用后,送入相应的 PCM 译码单元和数字终端。时分复用是将各路输入变为并行数据,然后按数据端口所在的时隙进行帧的拼接,形成一个完整的数据帧,最后做并串变换后将数据输出。解复用是先提取帧同步,然后将一帧数据缓存下来,接着按时隙将帧数据解开,

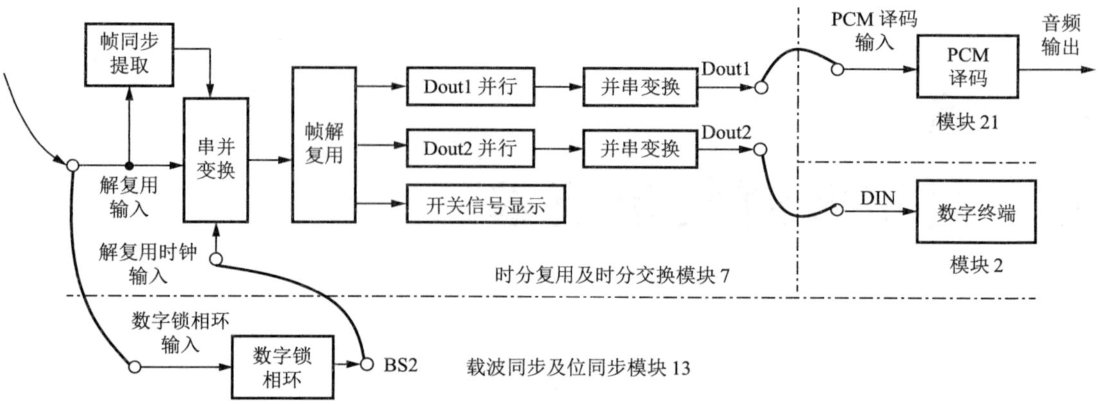

图 6-2　256 kHz 解时分复用实验原理框图

最后每个端口获取各自时隙的数据，做并串变换后输出。

在 256 kHz 时分复用与解复用模式下，复用帧结构为：第 0 时隙是巴克码帧头，第 1～3 时隙是数据时隙，其中第 1 时隙输入的是数字信号源，第 2 时隙输入的是 PCM 数据，第 3 时隙输入的是由模块 7 自带的拨码开关 S1 的码值。

2 048 kHz 时分复用和解复用实验原理框图与 256 kHz 时分复用和解复用实验原理框图基本一致。

四、实验步骤

项目一　256 kHz 时分复用帧信号观测

【概述】 该项目通过观测 256 kHz 帧同步信号及复用输出波形，了解复用的基本原理。

(1) 关电，按表 6-1 所示进行连线。

表 6-1　256 kHz 时分复用帧信号观测实验连线说明

源端口	目的端口	连线说明
信号源：FS	模块 7：TH11(FSIN)	帧同步输入

(2) 开电，设置主控菜单，选择“主菜单”→“通信原理”→“时分复用”→“复用速率 256 kHz”。

(3) 实验系统处于初始状态：在复用速率为 256 kHz 时，模块 7 的复用信号只有 4 个时隙，第 0,1,2,3 时隙的输出数据分别为巴克码、DIN1、DIN2、开关 S1 拨码信号。

(4) 实验操作及波形观测。

① 帧同步码观测：用示波器探头接模块 7 的 TH10(复用输出)，观测帧头的巴克码，将结果记录在表 6-2 中。

注：为方便记录巴克码波形，可先将模块 7 上的拨码开关 S1 全置为 0，使整个复用中只有帧同步信号。

② 帧内 PN 序列信号观测：关电，继续连线，将信号源的 PN 连接到模块 7 的 DIN1，即

将 PN 送至第 1 时隙；通电，用示波器探头接模块 7 的 TH10，利用示波器的存储功能观测 3 个周期中第 1 时隙的信号，并将结果记录在表 6-3 中。

表 6-2　巴克码记录

记　录	波　形
巴克码	

表 6-3　PN 序列记录表

记　录	波　形
复用 PN 序列	

思考：PN 序列的数据是如何分配到复用信号中的？

项目二　256 kHz 时分复用及解复用

【概述】　该项目将模拟信号通过 PCM 编码后送到复用单元，经过解复用输出，最后译码输出。

(1) 关电，按表 6-4 所示进行连线。

表 6-4　256 kHz 时分复用及解复用实验连线说明

源端口	目的端口	连线说明
信号源：T1	模块 21：TH1(主时钟)	提供芯片工作主时钟信号
信号源：FS	模块 7：TH11(FSIN)	帧同步输入
信号源：FS	模块 21：TH9(编码帧同步)	
信号源：CLK	模块 21：TH11(编码时钟)	提供编码时钟信号
信号源：A-OUT	模块 21：TH5(音频输入)	模拟信号输入
模块 21：TH8(PCM 编码输出)	模块 7：TH14(DIN2)	PCM 编码输入
模块 7：TH10(复用输出)	模块 7：TH18(解复用输入)	时分复用输入
模块 7：TH10(复用输出)	模块 13：TH7(数字锁相环输入)	锁相环提取位同步
模块 13：TH5(BS2)	模块 7：TH17(解复用时钟输入)	
模块 7：TH7(FSOUT)	模块 21：TH10(译码帧同步)	提供译码帧同步
模块 7：TH3(BSOUT)	模块 21：TH18(译码时钟)	提供译码位同步
模块 7：TH4(DOUT2)	模块 21：TH7(PCM 译码输入)	解复用输入

(2) 开电，设置主控菜单，选择“主菜单”→“通信原理”→“时分复用”→“复用速率 256 kHz”。将模块 13 的拨码开关 S3 置为 0100，将模块 21 的开关 S1 拨至 A-LAW(或 U-LAW)。

(3) 实验系统处于初始状态：在复用速率为 256 kHz 时，模块 7 的复用信号只有 4 个时隙,第 0,1,2,3 时隙的输出数据分别为巴克码、DIN1、DIN2、开关 S1 拨码信号。其中,信号源 A-OUT 输出 1 kHz 的正弦波,幅度由主控模块 W1 调节(频率和幅度参数可根据主控模块操作说明进行调节);模块 7 的 DIN2 端口送入 PCM 数据。正常情况下,模块 7 的“同步”指示灯亮。

注:若发现“失步”或“捕获”指示灯亮,先检查连线或拨码是否正确,再逐级观测数据或时钟是否正常。

(4) 实验操作及波形观测。

① 帧内 PCM 编码信号观测:将 PCM 数据输入 DIN2,观测 PCM 数据。以帧同步为触发,分别观测 PCM 编码数据和复用输出数据,并将数据记录在表 6-5 中。

注:PCM 复用后会有两帧的延时。

表 6-5 巴克码复用 PCM 数据记录表

记 录	波 形
复用 PCM 数据	

思考:PCM 数据是如何分配到复用信号中去的?

② 解复用帧同步信号观测:对正弦波进行 PCM 编译码,观测复用输出与 FSOUT 以及帧同步上升沿与帧同步信号的时序关系。

③ 解复用 PCM 信号观测:对比观测复用前与解复用后的 PCM 序列以及 PCM 编译码前、后的正弦波信号,并将各序列结果记录在表 6-6 中。

表 6-6 数据记录表

记 录	波 形
复用前的 PCM 序列	
解复用后的 PCM 序列	
PCM 编码前的波形	
PCM 译码后的波形(模块 21:音频接口)	

注:有兴趣的同学可以将信号源换成耳麦的音频输出,然后进行实验,感受语音效果。操作方法是:将信号源 A-OUT 与模块 21 的音频输入端口连线改换成模块 21 的话筒输出音频输入的连线,再将模块 21 的音频输出连接耳机输入,最后插上耳机。

项目三 2 048 kHz 时分复用及解复用

【概述】 该项目设置菜单的复用速率为 2 048 kHz,实验观测的过程与 256 kHz 时分复用与解复用实验相同。

(1) 保持项目二中的连线。

(2) 开电,设置主控菜单,选择“主菜单”→“通信原理”→“时分复用”→“复用速率 2 048 kHz”。将模块 13 的拨码开关 S3 置为 0001,将模块 21 的开关 S1 拨至 A-LAW(或 U-LAW)。

(3) 实验系统处于初始状态:在复用速率为 2 048 kHz 时,模块 7 的复用信号共有 32 个时隙,其中第 0 时隙的输出数据为巴克码,第 1,2,3,4 时隙的输出数据分别为 DIN1,DIN2,DIN3,DIN4 端口数据,开关 S1 拨码信号初始分配在第 5 时隙,后面可以通过主控菜单设置模块 7 的拨码开关 S1 数据的所在时隙。信号源 A-OUT 输出 1 kHz 的正弦波,幅度由主控模块 W1 调节(频率和幅度参数可根据主控模块操作说明进行调节);模块 7 的 DIN2 端口送入 PCM 数据。

(4) 实验操作及波形观测。

① 以帧同步信号作为触发,用示波器观测 2 048 kHz 复用输出信号。改变模块 7 的拨码开关 S1,观测复用输出信号变化情况。

② 在主控菜单中选择“第 5 时隙加”和“第 5 时隙减”,观测拨码开关 S1 对应数据在复用输出信号中所在帧的位置变化情况。

③ 用示波器对比观测信号源 A-OUT 和模块 21 的音频输出,观测信号的恢复情况。

④ 将信号源 A-OUT 改成 MUSIC 信号或者模块 21 的话筒输出,将 PCM 译码的音频输出端接至扬声器或耳机输出端,体会传输效果。

第二篇

移动通信实验

第七章 实验箱使用基础

一、实验平台介绍

1. 实验平台简介

RZ-DMIT-M4G 是增强型移动通信 & 移动互联网技术实验平台，是为适应当前移动理论教学及实验教学的发展趋势而精心研发的新一代移动通信技术实验平台。该平台不仅可完成常规实验，还融合了当前教学技术发展的几大趋势，即实验教学工程化、实验设备网络化、课堂教学智能化。

实验平台为箱式结构，如图 7-1 所示。实验平台采用底板＋二次开发板形式，易于插拔；底板包含基本的供电、信号传输、通信等功能，二次开发板可以集成在底板上完成，也可独立作为开发模块（口袋板）供学生开发；模块集成芯片部分采用有机玻璃保护，测试端口提供保护方案，防止误操作损坏。

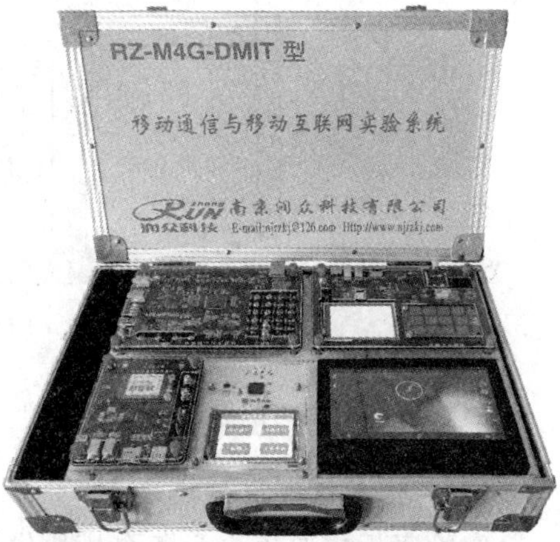

图 7-1　实验平台实物图

实验平台不仅在结构上进行了革命性的改进，在功能上也重新进行了设计。该实验平台在功能上具备以下特点：

(1) 采用主板＋实验模块形式，方便扩展、维护和升级。

(2) 整个平台将手机功能进行划分，分为不同模块，便于学习手机原理。

(3) 实验内容丰富多样，包括移动物理层、应用层、协议层等多种实验类型。

(4) 实验内容设置形象生动，对于较难理解的物理算法及协议指令，均配套了教辅软件帮助学生学习理解。

2. 实验课程安排

实验平台可以完成多种类型的验证实验及开发实验，主要包括 4 个功能模块（图 7-2）：

(1) 移动通信技术实验模块；

(2) 功能手机及物联网实验模块；

(3) 多模式、多频段 4G LTE 通信单元；

（4）安卓嵌入式实训开发平台。

由于平台模块类型较多，实验内容设置也多种多样，因此在安排实验时，可根据具体的实验课时和需求选择实验内容，编制合适的实验大纲。各个实验模块设计重点各不相同，开设的实验内容也有各自独立的侧重点。

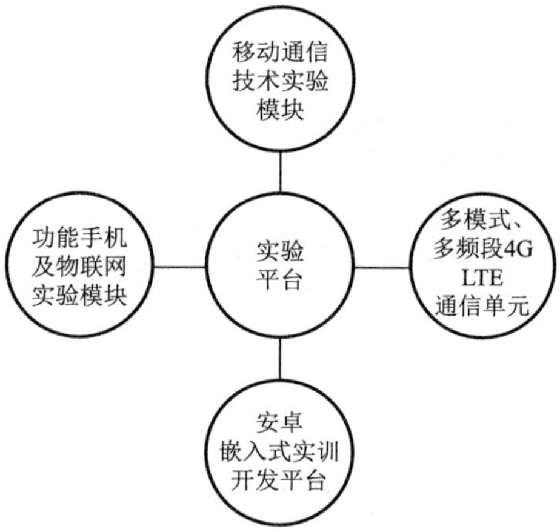

图 7-2　实验教学课堂流程

二、实验模块介绍

1. 实验模块分布

实验模块分布如图 7-3 所示，包含 4 个独立的功能模块和 1 个位于底板的主控模块，每个模块的电源可以通过主控模块单独控制。

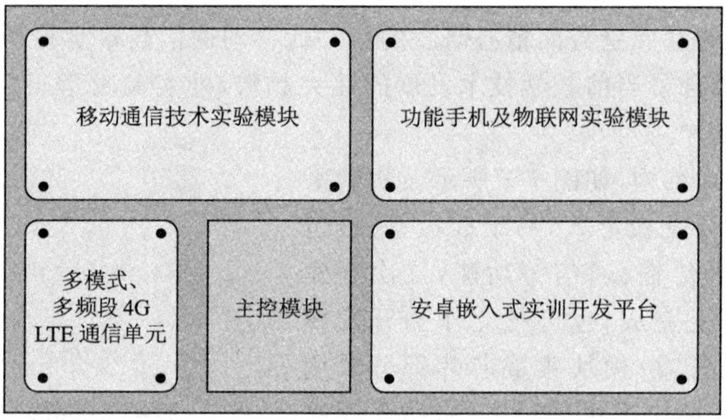

图 7-3　实验模块平面分布

2. 实验模块介绍

1）实验底板＋主控模块

实验底板主要负责为各个模块供电，并提供各个模块的通信连接。通过底板上的主控模块，在液晶显示屏上选择对应的模块开关，单独为各个模块开电或关电。

2）移动通信技术实验模块

移动通信技术实验模块可以完成移动通信相关的基带侧实验，包括信源编译码、信道编译码、调制解调、伪随机序列产生、扩频及码分多址等。

3）功能手机及物联网实验模块

功能手机及物联网实验模块为开发模块，主要帮助学生了解手机中常见的外设及传感器，如麦克风、耳机、键盘、液晶显示屏、震动马达、WIFI 模块等。在该模块上还可扩展 Zigbee 模块，用于物联网的扩展。

4）多模式、多频段 4G LTE 通信单元

多模式、多频段 4G LTE 通信单元是一款多模式、多频段高度集成的 2G/3G/4G 无线模块。该模块集成了移动终端原理学习、AT 指令测试、移动协议解析等多种功能，通过配

备的教学软件，可以深入学习和理解移动终端的工作原理。该模块带有标准的 USB 接口以及 USIM 卡接口，可以在 PC 上用 AT 指令通过串口进行设置。它是一个在语音和数据通信上通用的多模式、多频段移动终端产品。

5）安卓嵌入式实训开发平台

安卓嵌入式实训开发平台是一款嵌入式 ARM 平台，在该平台上可以完成常规的安卓开发及应用课程。当前已进入智能手机时代，作为两大阵营之一（另一平台为苹果公司的 IOS），掌握安卓开发技术已经成为必要的技能。

第八章 通信技术实验

实验一　m 序列产生及特性分析实验

一、实验目的

（1）熟悉 m 序列的性质和特点。

（2）熟悉 m 序列的产生方法。

（3）了解 m 序列在实际系统中的应用。

二、实验器材

（1）RZ-DMIT-M4G 实验平台 1 台。

（2）100 MHz 双通道示波器 1 台。

（3）信号连接线若干。

（4）PC(二次开发)1 台。

三、实验原理

m 序列是最长线性反馈移存器序列的简称，是伪随机序列的一种。它是由带线性反馈的移存器产生的周期最长的一种序列，结构如图 8-1 所示。图中，a_{n-i} 为移存器中每位寄存器的状态；C_i 为第 i 位寄存器的反馈系数，$C_i=1$ 表示有反馈，$C_i=0$ 表示无反馈；r 为线性反馈移存器级数减 1。

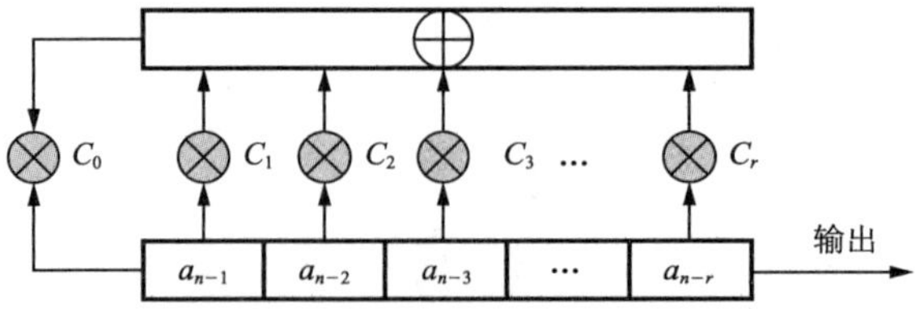

图 8-1　线性反馈移存器的结构

m 序列类似于随机序列，但不是真正的随机序列，它的结构或形式可以预先确定，并且可以重复地产生和复制。

下面给出一个 m 序列的例子。图 8-2 为 4 级线性反馈移存器，若其初始状态为$(a_3, a_2, a_1, a_0)=(1,0,0,0)$，则在移位一次时，由 a_3 和 a_0 模 2 相加产生新的输入，即 $a_4=1\oplus 0=1$，新的状态为$(a_4, a_3, a_2, a_1)=(1,1,0,0)$，这样移位 15 次后又回到初始状态(1,0,0,0)。不难看出，若初始状态为全 0，即(0,0,0,0)，则移位后得到的仍是全 0 状态，这就意味着这种线性反馈移存器应避免出现全 0 状态，不然移存器的状态将不会改变。因为 4 级线性反馈移存器共有 $2^4=16$ 种可能的不同状态，除全 0 状态外，还剩 15 种状态可用，所以由任何 4 级线性反馈移存器产生的序列的最长周期为 15。

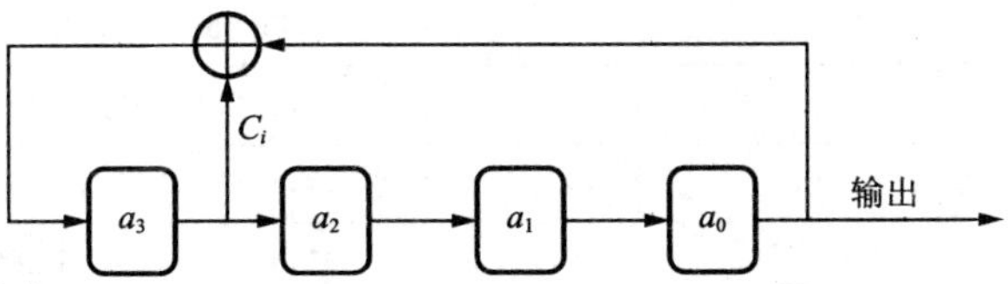

	a_3	a_2	a_1	a_0
初始状态	1	0	0	0
	1	1	0	0
	1	1	1	0
	1	1	1	1
	0	1	1	1
	1	0	1	1
	0	1	0	1
	1	0	1	0
	1	1	0	1
	0	1	1	0
	0	0	1	1
	1	0	0	1
	0	1	0	0
	0	0	1	0
	0	0	0	1

$2^4-1=15$ 种

图 8-2　m 序列的产生

在实际操作时常常希望用尽可能小的级数产生尽可能长的序列。由上例可见，一个 n 级线性反馈移存器产生的序列的最长周期为 2^n-1，这种周期最长的序列称为最长线性反馈移存器序列，简称 m 序列。

一个线性反馈移存器能否产生 m 序列，取决于它的反馈系数 C_i。对于 m 序列，C_i 的取值遵循本原多项式，即通过 $f(x)=\sum_{i=0}^{n} C_i x_i$ 中的二进制系数来取值。n 级线性反馈移存器可以产生的 m 序列的个数 N 由式(8-1)决定：

$$N=\frac{\Phi(2^r-1)}{r} \tag{8-1}$$

式中，$\Phi(x)$为欧拉函数，表示小于或等于 x 并与 x 互质的正整数个数(包括 1 在内)。

表 8-1 列出了部分 m 序列的反馈系数 C_i，按照表中的反馈系数来构造线性反馈移存器，就能产生相应的 m 序列。

m 序列具有以下性质。

表 8-1　m 序列的反馈系数表

m 序列的级数 n	m 序列的周期 P	反馈系数 C_i(八机制)
3	7	13
4	15	23
5	31	45,67,75
6	63	103,147,155
7	127	203,211,217,235,277,313,325,345,367
8	255	435,453,537,543,545,551,703,747
9	511	1 021,1 055,1 131,1 157,1 167,1 175
10	1 023	2 011,2 033,2 157,2 443,2 745,3 271
11	2 047	4 005,4 445,5 023,5 263,6 211,7 363
12	4 095	10 123,11 417,12 515,13 505,14 127,15 053
13	8 192	20 033,23 261,24 633,30 741,32 535,37 505
14	16 383	42 103,51 761,55 753,60 153,71 147,67 401
15	32 765	100 003,110 013,120 265,133 663,142 305

(1) 伪随机特性:具有与白噪声相似的伪随机特性。

(2) 平衡特性:序列中 0 和 1 的个数接近相等。

(3) 游程特性:把序列中连续出现 0 或 1 的子序列称为游程,连续的 0 或 1 的个数称为游程长度。序列中长度为 1 的游程约占游程总数的 1/2,长度为 2 的游程约占游程总数的 $1/2^2$,长度为 3 的游程约占游程总数的 $1/2^3$,以此类推。

(4) 相关特性:序列的自相关函数与白噪声自相关函数的性质类似,即具有单峰自相关函数特性。7 位 m 序列(1110010)自相关波形如图 8-3 所示。

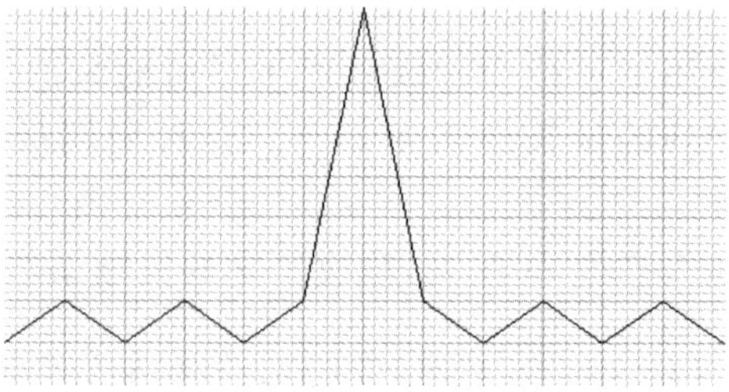

图 8-3　m 序列的自相关波形

(5) 移位相加性:m 序列和其移位后的序列逐位模 2 相加,所得的序列还是 m 序列,只是起始位不同。

四、实验框图及测量点说明

1. 实验框图

m 序列产生及特性研究框图如图 8-4 所示。从图中可以看到,系统可以产生两个 m 序列，即序列 1 和序列 2，两个序列通过按钮设置分别从 1TP1 和 1TP3 输出。为了研究 m 序列的自相关和互相关特性，对两个序列进行相关运算，并从 1TP7 输出。为了便于示波器观察，每帧数据送出帧同步信号，从 1TP11 输出。

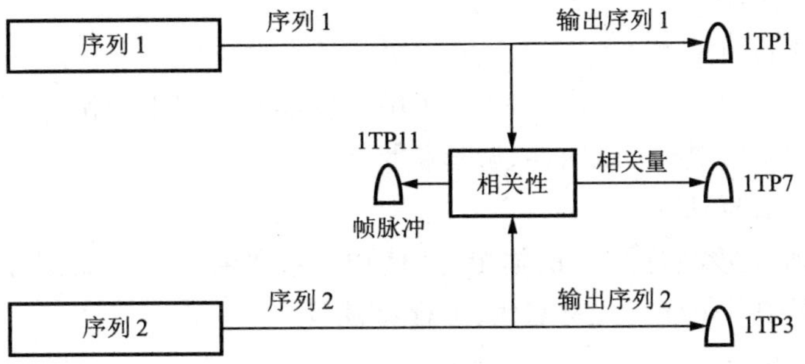

图 8-4　m 序列产生及特性研究框图

2. 测量点说明

(1) 1TP1：序列 1 输出。

(2) 1TP3：序列 2 输出。

(3) 1TP11：帧脉冲输出。

(4) 1TP7：相关量输出。

五、实验步骤

1. 实验准备

1) 实验模块在位检查

在关闭系统电源的情况下，确认下列模块在位：

(1) 安卓应用开发模块(主控)。

(2) 移动技术模块。

(3) 安卓手机模块。

2) 加电

打开系统电源开关，观察实验箱加电是否正常。在实验箱主控模块上，点击触屏为“移动技术”和“安卓手机”模块加电，观察加电过程是否正常，并等待主控模块系统正常启动。

3) 选择实验内容

通过主菜单进入 APP 菜单页面，然后运行程序。使用触屏或鼠标在液晶屏上进行功能选择：“实验项目”→“伪随机序列产生实验”→“m 序列特性研究”，进入 m 序列特性研究实验页面。

4) 等待程序加载

在进入每个实验时，平台会根据当前选择的实验内容下载对应的程序段，因此需要等待约 30 s，直到屏幕提示下载成功，移动技术模块运行指示灯开始闪烁。

注：在下载过程中，不要做任何操作，否则下载有可能会失败。若下载失败，可退出实验页面重新进入，此时重新开始下载。

2. m 序列特性研究

1）序列 1 的设置和观测

通过按钮“序列 1”设置序列 1 的输出，使用示波器在 1TP1 观测序列 1 的时序波形，并记录该波形；分析其平衡特性、周期性、游程特性等。

2）序列 2 的设置和观测

通过按钮“序列 2”设置序列 2 的输出，并使用示波器在 1TP3 观测序列 2 的时序波形，并记录该波形；分析其平衡特性、周期性、游程特性等。

3）序列 1 频谱分析

将“序列 1”设置为一组 m 序列，使用示波器的频谱分析功能分析 m 序列的频谱特性，分析其是否符合周期性平衡特性、游程特性、相关特性、移位相加性。

4）序列自相关分析

将“序列 1”和“序列 2”设置为相同的 m 序列，在 1TP7 观察该 m 序列的自相关特性波形，并记录该特性。尝试将两个 m 序列修改为相同的其他序列，并分析 m 序列的自相关特性。

5）序列互相关分析

将“序列 1”和“序列 2”设置为不同的 m 序列，在 1TP7 观察两组 m 序列的互相关特性波形，并记录该特性。尝试将两个 m 序列修改为不同的其他序列，并分析两组 m 序列的互相关特性。

3. 实验结束

实验结束，关闭电源，拆除信号连线，并按要求放置好实验附件和实验模块。

六、实验报告要求

(1) 了解 m 序列的产生原理。
(2) 熟悉 m 序列的各种特性。
(3) 完成实验操作，并记录相关数据。
(4) 思考并查资料了解 m 序列在实际通信中的应用。

实验二　Gold 序列产生及特性分析实验

一、实验目的

(1) 了解 Gold 序列的性质和特点。
(2) 熟悉 Gold 序列的产生方法。
(3) 测试 Gold 序列的波形，了解 Gold 序列的 DSP 实现方法。

二、实验器材

(1) RZ-DMIT-M4G 实验平台 1 台。
(2) 100 MHz 双通道示波器 1 台。
(3) 信号连接线若干。
(4) PC(二次开发)1 台。

三、实验原理

m 序列虽然性能优良,但同样长度的序列个数不多,且序列之间的互相关函数值(为多值函数)并不理想。1967 年,R. Gold 提出了一种新的序列,即 Gold 序列,这种序列有较为优良的自相关和互相关特性,构造简单,产生的序列个数多,因此得到广泛的应用。

1. m 序列优选对

如果两个 m 序列的互相关函数满足如下条件:

$$|R(\tau)|=\begin{cases}2^{(n+1)/2}+1, & n\text{ 为奇数}\\2^{(n+2)/2}+1, & n\text{ 为偶数,但不能被 4 整除}\end{cases} \tag{8-2}$$

那么这两个 m 序列可构成优选对。式中,$|R(\tau)|$ 为互相关函数。

2. Gold 序列的产生

Gold 序列是 m 序列的组合序列,由同步时钟控制的两个码元不同的 m 序列优选对逐位模 2 相加得到,其原理如图 8-5 所示。两个 m 序列发生器的周期相同,速率也相同,因而两者保持一定的相位关系,这样产生的组合序列(Gold 序列)与这两个子序列(m 序列 1、m 序列 2)的周期也相同。当改变两个 m 序列的相对位移时,会得到一个新的 Gold 序列。Gold 序列虽然是 m 序列模 2 相加得到的,但它已不再是 m 序列,仍具有与 m 序列近似的优良特性,各个码组之间的互相关特性与原来两个 m 序列之间的互相关特性相同,最大的互相关值不会超过原来两个 m 序列间的最大互相关值。Gold 序列最大的优点是具有比 m 序列多得多的独立码组。

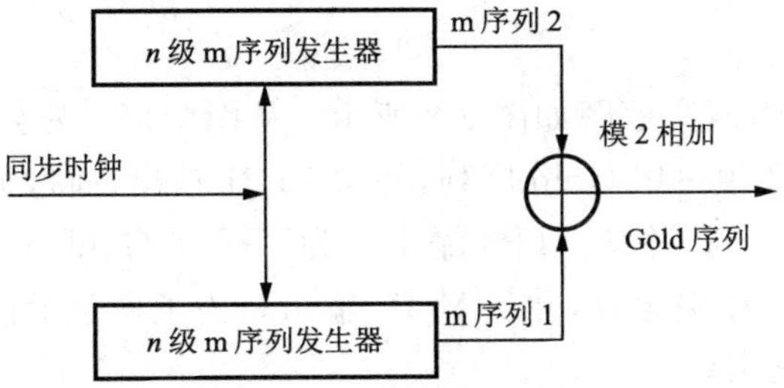

图 8-5　Gold 序列发生器

综上,Gold 序列具有以下性质:

(1) 两个 m 序列优选对经不同移位相加产生的新序列都是 Gold 序列,两个 n 级线性反馈移存器可以产生 2^n+1 个 Gold 序列，周期均为 2^n-1。

(2) Gold 序列具有良好的自相关和互相关特性。

有两种结构可产生 Gold 序列：并联结构和串联结构。例如，m 序列的本原多项式为 $f(x)=1+x+x^6$ 和 $f(x)=1+x+x^2+x^5+x^6$，它们构成的并联和串联结构的 Gold 序列发生器如图 8-6 所示。

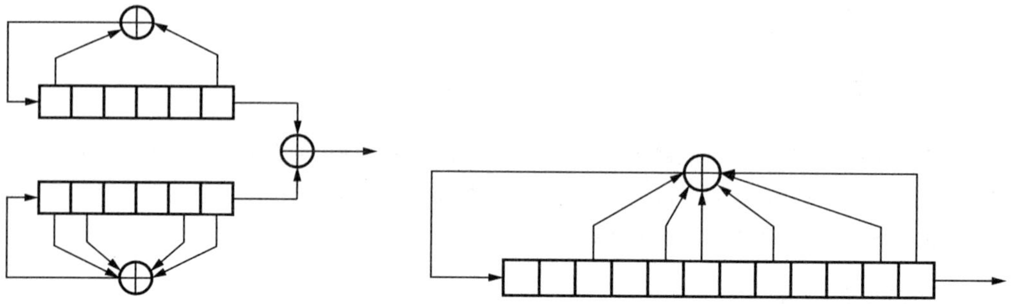

图 8-6　Gold 序列发生器

为了观测方便，本实验用两个周期为 31 的 m 序列优选对在并联结构下产生一个 Gold 序列，如图 8-7 所示。

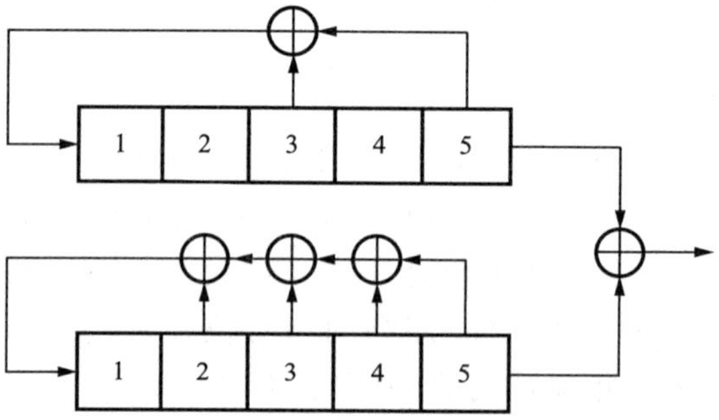

图 8-7　并联结构的 Gold 序列发生器

四、实验框图及测量点说明

1. 实验框图

Gold 序列产生及特性研究框图如图 8-8 所示。从图中可以看到，系统可以通过 m 序列 1 和 m 序列 2 模 2 相加产生一组 Gold 序列，并从 1TP1 输出；通过 m 序列 3 和 m 序列 4 模 2 相加产生另一组 Gold 序列，并从 1TP3 输出。为了研究 Gold 序列的自相关和互相关特性，对两个 Gold 序列进行相关运算，并从 1TP7 输出。为了便于示波器观察，每帧数据送出帧同步信号，从 1TP11 输出。

通过调整"序列 1"～"序列 4"这 4 个按钮，设置序列具体内容，即通过选择 m 序列及其移位来修改 Gold 序列的输出。

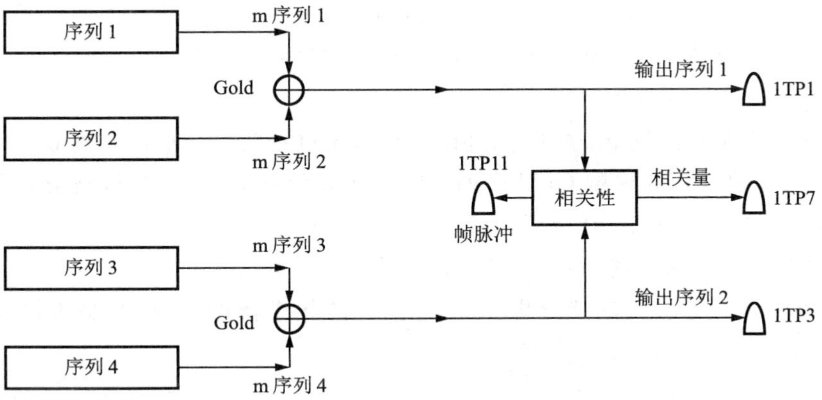

图 8-8 Gold 序列产生及特性研究框图

2. 测量点说明

1TP1：Gold 序列 1 输出。

1TP3：Gold 序列 2 输出。

1TP11：帧脉冲输出。

1TP7：相关量输出。

五、实验步骤

1. 实验准备

1）实验模块在位检查

在关闭系统电源的情况下，确认下列模块在位：

(1) 安卓应用开发模块(主控)。

(2) 移动技术模块。

(3) 安卓手机模块。

2）加电

打开系统电源开关，观察实验箱加电是否正常。在实验箱主控模块上，点击触屏为“移动技术”和“安卓手机”模块加电，观察加电过程是否正常，并等待主控模块系统正常启动。

3）选择实验内容

通过主菜单进入 APP 菜单页面，然后运行程序。使用触屏或鼠标在液晶屏上进行功能选择：“实验项目”→“伪随机序列产生实验”→“Gold 序列特性研究”，进入 Gold 序列特性研究实验页面。

4）等待程序加载

在进入每个实验时，平台会根据当前选择的实验内容下载对应的程序段，因此需要等待约 30 s，直到屏幕提示下载成功，移动技术模块运行指示灯开始闪烁。

2. Gold 序列特性研究

1）Gold 序列 1 的设置和观测

通过按钮“序列 1”设置 m 序列 1 的值并记录，通过按钮“序列 2”设置 m 序列 2 的值并记录，使用示波器在 1TP1 观测 Gold 序列 1 的时序波形并记录，计算该波形是否为 m 序列 1 和 m 序列 2 模 2 相加产生，并分析 Gold 序列 1 的特性。

2）Gold 序列 2 的设置和观测

通过按钮“序列 3”设置 m 序列 3 的值并记录，通过按钮“序列 4”设置 m 序列 4 的值并记录，使用示波器在 1TP3 观测 Gold 序列 2 的时序波形并记录，计算该波形是否为 m 序列 3 和 m 序列 4 模 2 相加产生，并分析 Gold 序列 2 的特性。

3）Gold 序列 1 频谱分析

使用示波器的频谱分析功能分析 Gold 序列 1 的频谱特性，分析其是否符合周期性、平衡特性、游程特性、相关特性。

4）Gold 序列自相关分析

将“序列 1”和“序列 3”设置为相同的 m 序列，将“序列 2”和“序列 4”设置为相同的 m 序列，则 1TP1 和 1TP3 会产生两组相同的 Gold 序列，在 1TP7 观察该 Gold 序列的自相关特性波形，并记录该特性。尝试将两个 Gold 序列修改为相同的其他序列，并分析 Gold 序列的自相关特性。

5）Gold 序列互相关分析

将 1TP1 和 1TP3 修改为两组不同的 Gold 序列，在 1TP7 观察两组 Gold 序列的互相关特性波形，并记录该特性。尝试将两个 Gold 序列修改为不同的其他序列，并分析两组 Gold 序列的互相关特性。

3. 实验结束

实验结束，关闭电源，拆除信号连线，并按要求放置好实验附件和实验模块。

六、实验报告要求

(1) 了解 Gold 序列的产生原理。
(2) 熟悉 Gold 序列的各种特性。
(3) 完成实验操作，并记录相关数据。
(4) 思考并查资料了解 Gold 序列在实际通信中的应用。

实验三　Walsh 序列产生及特性分析实验

一、实验目的

(1) 了解 Walsh 序列的性质和特点。
(2) 熟悉 Walsh 序列的产生方法。
(3) 了解 Walsh 序列的 DSP 实现方法。

二、实验器材

(1) RZ-DMIT-M4G 实验平台 1 台。

(2) 100 MHz 双通道示波器 1 台。

(3) 信号连接线若干。

(4) PC(二次开发)1 台。

三、实验原理

1. Walsh 序列的基本概念

Walsh 序列为正交的扩频序列，是在 Walsh 函数集的基础上产生的。Walsh 函数的取值为 1 或者−1，图 8-9 展示了一个典型的 8 阶 Walsh 函数的波形 W_1。n 阶 Walsh 函数表示在 Walsh 函数的周期 T 内，有 n 段 Walsh 函数，根据过零的次数，记为 $W_0, W_1, W_2, \cdots$。

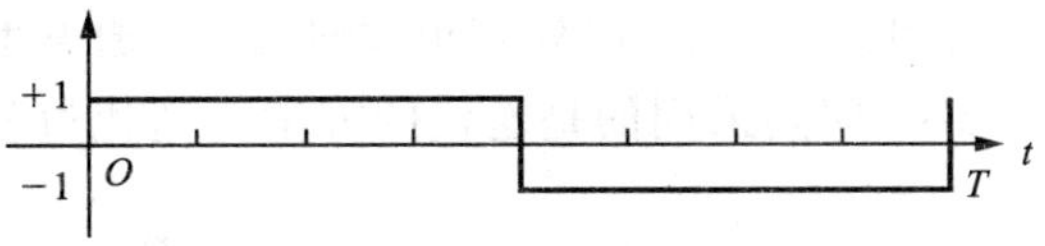

图 8-9　Walsh 函数的波形

Walsh 函数集的特点是正交和归一化。正交是指同阶不同的 Walsh 函数相乘，在指定的区间上积分，其结果为 0；归一化是指两个相同的 Walsh 函数相乘，在指定的区间上积分，其结果为 1。

将 Walsh 函数的取值−1 或 1 转换为二进制的 0 或 1，这样 n 阶 Walsh 函数在周期 T 内的取值就转换为由 n 个码元表示的序列。16 阶 Walsh 序列的表示见表 8-2。

表 8-2　16 阶 Walsh 序列

序　号	Walsh 函数表示	Walsh 序列表示
0	−1 −1 −1 −1 −1 −1 −1 −1 −1 −1 −1 −1 −1 −1 −1 −1	0 0 0 0 0 0 0 0 0 0 0 0 0 0 0 0
1	−1 1 −1 1 −1 1 −1 1 −1 1 −1 1 −1 1 −1 1	0 1 0 1 0 1 0 1 0 1 0 1 0 1 0 1
2	−1 −1 1 1 −1 −1 1 1 −1 −1 1 1 −1 −1 1 1	0 0 1 1 0 0 1 1 0 0 1 1 0 0 1 1
3	−1 1 1 −1 −1 1 1 −1 −1 1 1 −1 −1 1 1 −1	0 1 1 0 0 1 1 0 0 1 1 0 0 1 1 0
4	−1 −1 −1 −1 1 1 1 1 −1 −1 −1 −1 1 1 1 1	0 0 0 0 1 1 1 1 0 0 0 0 1 1 1 1
5	−1 1 −1 1 1 −1 1 −1 −1 1 −1 1 1 −1 1 −1	0 1 0 1 1 0 1 0 0 1 0 1 1 0 1 0
6	−1 −1 1 1 1 1 −1 −1 −1 −1 1 1 1 1 −1 −1	0 0 1 1 1 1 0 0 0 0 1 1 1 1 0 0
7	−1 1 1 −1 1 −1 −1 1 −1 1 1 −1 1 −1 −1 1	0 1 1 0 1 0 0 1 0 1 1 0 1 0 0 1
8	−1 −1 −1 −1 −1 −1 −1 −1 1 1 1 1 1 1 1 1	0 0 0 0 0 0 0 0 1 1 1 1 1 1 1 1
9	−1 1 −1 1 −1 1 −1 1 1 −1 1 −1 1 −1 1 −1	0 1 0 1 0 1 0 1 1 0 1 0 1 0 1 0
10	−1 −1 1 1 −1 −1 1 1 1 1 −1 −1 1 1 −1 −1	0 0 1 1 0 0 1 1 1 1 0 0 1 1 0 0
11	−1 1 1 −1 −1 1 1 −1 1 −1 −1 1 1 −1 −1 1	0 1 1 0 0 1 1 0 1 0 0 1 1 0 0 1
12	−1 −1 −1 −1 1 1 1 1 1 1 1 1 −1 −1 −1 −1	0 0 0 0 1 1 1 1 1 1 1 1 0 0 0 0
13	−1 1 −1 1 1 −1 1 −1 1 −1 1 −1 −1 1 −1 1	0 1 0 1 1 0 1 0 1 0 1 0 0 1 0 1
14	−1 −1 1 1 1 1 −1 −1 1 1 −1 −1 −1 −1 1 1	0 0 1 1 1 1 0 0 1 1 0 0 0 0 1 1
15	−1 1 1 −1 1 −1 −1 1 1 −1 −1 1 −1 1 1 −1	0 1 1 0 1 0 0 1 1 0 0 1 0 1 1 0

Walsh 函数的自相关特性并不理想，但是互相关特性很好。为了改善 Walsh 函数的自相关特性，在实际系统中，序列经 Walsh 函数调制后，用自相关特性好的 PN 序列进行扩频。由于 Walsh 函数具有正交性，因此可以使用不同的 Walsh 序列对不同的信道进行调制，然后在接收端用相同的 Walsh 序列提取信号，从而接收到所发送的信息。用这种方法，可以使多个信道在同一频率上发送而不会相互干扰，这也是码分多址得以实现的基础。

2. Walsh 序列的产生

生成 Walsh 序列有很多种方法，通常利用哈达码矩阵来实现。利用哈达码矩阵产生 Walsh 序列采用的是迭代的方法。迭代过程如下：

$$\boldsymbol{H}_{2N}=\begin{bmatrix}\boldsymbol{H}_N & \boldsymbol{H}_N\\ \boldsymbol{H}_N & \overline{\boldsymbol{H}}_N\end{bmatrix} \tag{8-3}$$

式中，$N=2n$，$n=1,2,\cdots$；$\overline{\boldsymbol{H}}_N$ 为 $\boldsymbol{H}_N$ 的逻辑取反。例如，

$$\boldsymbol{H}_1=(0),\quad \boldsymbol{H}_2=\begin{bmatrix}\boldsymbol{H}_1 & \boldsymbol{H}_1\\ \boldsymbol{H}_1 & \overline{\boldsymbol{H}}_1\end{bmatrix}=\begin{pmatrix}0 & 0\\ 0 & 1\end{pmatrix},\quad \boldsymbol{H}_4=\begin{bmatrix}\boldsymbol{H}_2 & \boldsymbol{H}_2\\ \boldsymbol{H}_2 & \overline{\boldsymbol{H}}_2\end{bmatrix}=\begin{bmatrix}0&0&0&0\\0&1&0&1\\0&0&1&1\\0&1&1&0\end{bmatrix}$$

$$\boldsymbol{H}_8=\begin{bmatrix}\boldsymbol{H}_4 & \boldsymbol{H}_4\\ \boldsymbol{H}_4 & \overline{\boldsymbol{H}}_4\end{bmatrix}=\begin{bmatrix}0&0&0&0&0&0&0&0\\0&1&0&1&0&1&0&1\\0&0&1&1&0&0&1&1\\0&1&1&0&0&1&1&0\\0&0&0&0&1&1&1&1\\0&1&0&1&1&0&1&0\\0&0&1&1&1&1&0&0\\0&1&1&0&1&0&0&1\end{bmatrix}$$

将式(8-3)矩阵中的第 j 行用二进制序列 $\{H_{N,j}\}$ 表示，即可得到相应的 Walsh 序列。

四、实验框图及测量点说明

1. 实验框图

Walsh 序列的产生及特性研究框图如图 8-10 所示。从图中可以看到，系统可以产生两

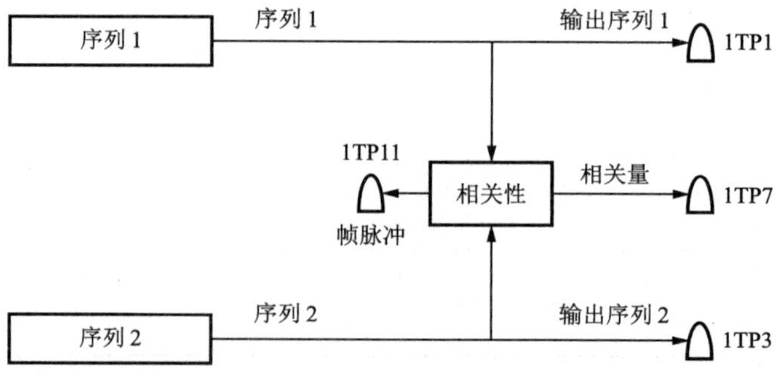

图 8-10　Walsh 序列的产生及特性研究框图

个 Walsh 序列,即序列 1 和序列 2,两个序列通过按钮设置分别从 1TP1 和 1TP3 输出。为了研究 Walsh 序列的自相关和互相关特性,对两个序列进行相关运算,并从 1TP7 输出。为了便于示波器观察,每帧数据送出帧同步信号,从 1TP11 输出。

2. 测量点说明

1TP1:Walsh 序列 1 输出。

1TP3:Walsh 序列 2 输出。

1TP11:帧脉冲输出。

1TP7:相关量输出。

五、实验内容及步骤

1. 实验准备

1) 实验模块在位检查

在关闭系统电源的情况下,确认下列模块在位:

(1) 安卓应用开发模块(主控)。

(2) 移动技术模块。

(3) 安卓手机模块。

2) 加电

打开系统电源开关,观察实验箱加电是否正常。在实验箱主控模块上,点击触屏为“移动技术”和“安卓手机”模块加电,观察加电过程是否正常,并等待主控模块系统正常启动。

3) 选择实验内容

通过主菜单进入 APP 菜单页面,然后运行程序。使用触屏或鼠标在液晶屏上进行功能选择:“实验项目”→“伪随机序列产生实验”→“Walsh 序列特性研究”,进入 Walsh 序列特性研究实验页面。

4) 等待程序加载

在进入每个实验时,平台会根据当前选择的实验内容下载对应的程序段,因此需要等待约 30 s,直到屏幕提示下载成功,移动技术模块运行指示灯开始闪烁。

2. Walsh 序列特性研究

1) Walsh 序列 1 的设置和观测

通过按钮“序列 1”设置序列 1 的输出,使用示波器在 1TP1 观测序列 1 的时序波形,并记录该波形。

2) Walsh 序列 2 的设置和观测

通过按钮“序列 2”设置序列 2 的输出,并使用示波器在 1TP3 观测序列 2 的时序波形,并记录该波形。

3) 序列 1 频谱分析

将“序列 1”设置为一组 Walsh 序列,使用示波器的频谱分析功能分析 Walsh 序列的频谱特性。

4）序列自相关分析

将“序列 1”和“序列 2”设置为相同的 Walsh 序列，在 1TP7 观察该 Walsh 序列的自相关特性波形，并记录该特性。尝试将两个 Walsh 序列修改为相同的其他序列，分析 Walsh 序列的自相关特性。

5）序列互相关分析

将“序列 1”和“序列 2”设置为不同的 Walsh 序列，在 1TP7 观察两组 Walsh 序列的互相关特性波形，并记录该特性，分析其是否满足正交性。尝试将两个 Walsh 序列修改为不同的其他序列，分析两组 Walsh 序列的互相关特性。

3. 实验结束

实验结束，关闭电源，拆除信号连线，并按要求放置好实验附件和实验模块。

六、实验报告要求

（1）了解 Walsh 序列的产生原理。

（2）熟悉 Walsh 序列的各种特性。

（3）完成实验操作，并记录相关数据。

（4）思考并查资料了解 Walsh 序列在实际通信中的应用。

（5）分析 CDMA 编码中基带数据先对 Walsh 序列进行调制，然后对 PN 序列进行调制的必要性。

实验四　卷积码编译码及纠错性能验证

一、实验目的

（1）学习卷积码编译码的基本概念。

（2）掌握卷积码的编译码方法。

（3）验证卷积码的纠错能力。

二、实验器材

（1）RZ-DMIT-M4G 实验平台 1 台。

（2）100 MHz 双通道示波器 1 台。

（3）信号连接线若干。

（4）PC（二次开发）1 台。

三、实验原理

1. 卷积码介绍

卷积码编码器通常记作（n，k，N），指每段 k bit 的输入序列输出 n bit，输出的 n bit 不

仅与当前输入的 k bit 有关，还与前面输入的($N-1$)k bit 有关。例如，对于(2,1,3)卷积码编码器来说，$n=2$，$k=1$，$N=3$，即每输入 1 bit，经编码后输出 2 bit，输出信息不仅与当前输入的 1 bit 有关，还与前面输入的 2 bit 有关。因此，卷积码编码器应包含 N 级寄存器记录这些信息。

2. 卷积码编译码原理

1）卷积码编码

在理论教材中，卷积码编码并不会讨论编码速率(码率)、同步等问题，但在实际通信系统中，为了满足系统要求，需要对编码速率进行调整，并且添加同步信息。下面介绍实际工程应用中的编码算法，这部分也是需要重点掌握的内容。

本实验选用(2,1,2)卷积码编码器进行卷积码编码，卷积码码字为八进制(5,7)，生成多项式为：

$$CA=1+D^2 \tag{8-4}$$

$$CB=1+D+D^2 \tag{8-5}$$

式中，CA，CB 为生成的多项式；D 为时延。

卷积码编码原理如图 8-11 所示。

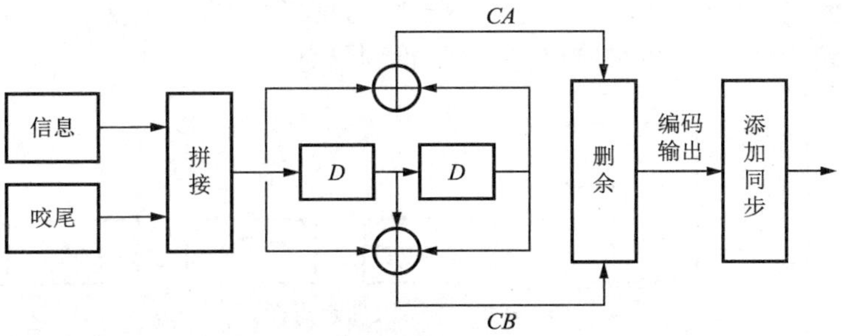

图 8-11　卷积码编码原理示意图

编码器按块进行编码，每隔一段时间输入一段数据作为信息位，输入到编码器中的内容为“信息＋咬尾”的拼接，其中信息为通信传输的实际内容，咬尾是为了使编码器状态归 0 [Viterbi(维特比)译码时可以从状态“0”回溯]的内容。在本实验中，共输入信息 16 bit(16 位拨码开关)，咬尾为连续 5 bit 的“0”。

正常情况下，(2,1,2)卷积码编码器的码率为 1/2，编码后数据速率为原始速率的 2 倍，但由于信息位添加了咬尾，使得实际速率高于 2 倍速率，因此在实际通信中需要通过删余操作获得不同输出码率。在本次实验内容中，系统删余表为：

$$CA\quad 1\ 0\ 1$$

$$CB\quad 1\ 1\ 0$$

即第 1 个比特编码输出保留 CA 和 CB，第 2 个比特编码输出保留 CB，第 3 个比特编码输出保留 CA，后续依此循环。删余后的码率为 3/4，所以每块数据编码输出为(16＋5)×4/3 bit＝28 bit。输出时先输出 CB，再输出 CA，如遇到删余(图 8-12 中黑色编码位)则跳过。

为了后续译码时能够找到起始编码数据块，需要在编码块前添加同步码，如图 8-13 所示。同步码为 8 bit，一帧数据包括两个卷积块，则每块数据组帧后共有(8＋2×28)bit＝64 bit 数据。

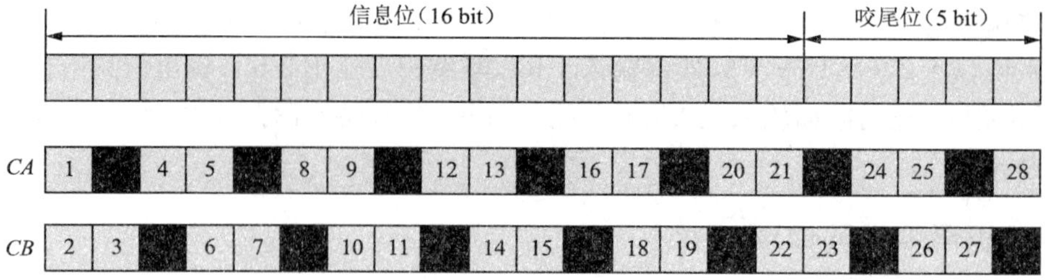

图 8-12　编码数据输出选择

图 8-13　编码组帧原理示意图

2）卷积码译码

卷积码译码可分为代数解码和概率解码两类。大数逻辑解码器是代数解码最主要的译码算法，它既可用于纠正随机错误，又可用于纠正突发错误，但要求卷积码是自正交码或可正交码。另外一种译码算法为 Viterbi 译码，属于概率译码，其译码效果更好，在实际系统中使用较多，本实验选用了该译码算法。

译码为编码的逆过程，译码原理如图 8-14 所示：从解调输出中搜索同步码；同步后，填充负荷删余位置（即 Depuncture，增余），补充数据可以任意为 0 或 1；对填充的信号进行 Viterbi 译码；译码后的数据去掉咬尾位，最终得到信息位。

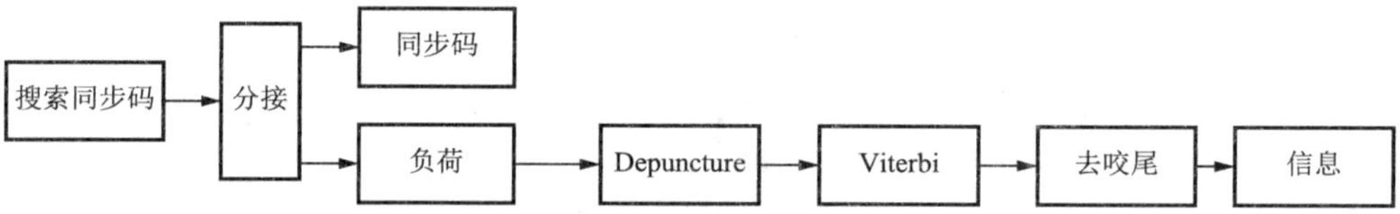

图 8-14　译码原理示意图

四、实验框图及测量点说明

1. 实验框图

卷积码编译码原理实验框图如图 8-15 所示。为便于观察实验结果，本实验不需要外接基带数据（系统实验时需外接基带数据），而是直接内部产生 16 bit 的基带数据，并对该基带数据进行卷积码编码。利用(2,1,2)卷积码编码器对 16 bit 数据进行编码，编码后的数据可以直接输出，或者进行加错设置后输出。

将编码数据输入到译码输入端，可以完成卷积码译码的纠错输出和未纠错输出。通过比较两组数据可以验证卷积码的纠错能力。

2. 测量点说明

(1) 1P5：编码前基带信号。

(2) 1P6：编码前基带时钟。

(3) 1P12：加错数据。

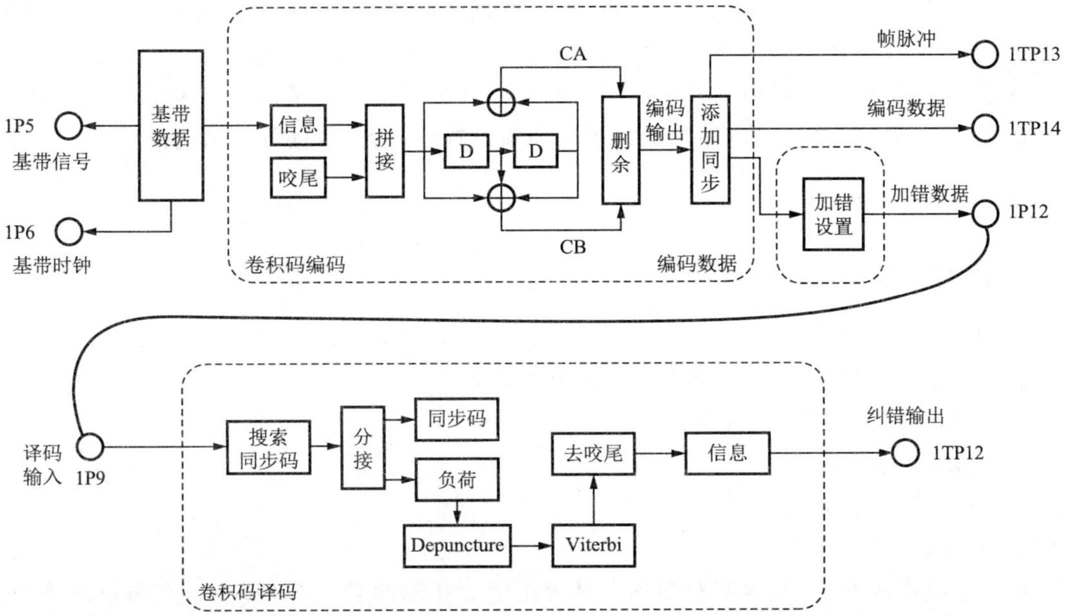

图 8-15　卷积码编译码原理实验框图

(4) 1TP13:帧脉冲。

(5) 1TP14:编码数据。

(6) 1P9:译码输入端。

(7) 1TP12:纠错输出。

图 8-16 标注了一帧数据长度,该帧数据长度为 64 个编码时钟周期。下面对各测量点时序关系进行说明。

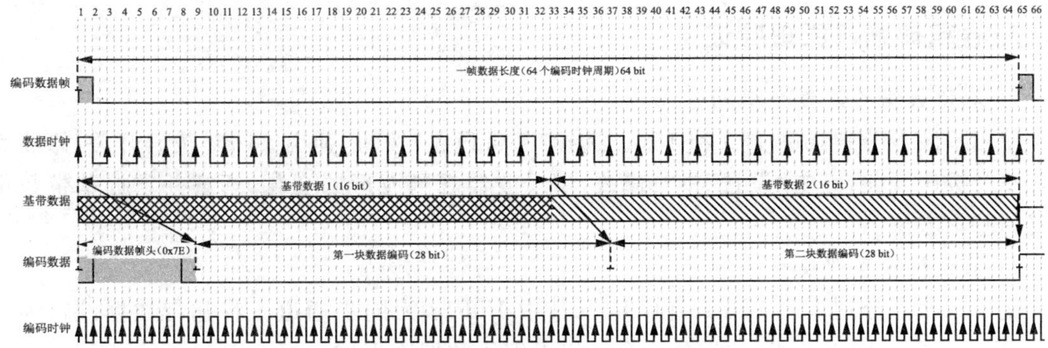

图 8-16　卷积码编译码各测量点时序图

1TP13 为编码数据帧,每隔 64 个时钟周期输出一个帧脉冲,帧脉冲的上升沿为一帧的起始时刻。

1P5 为编码前基带信号(16 bit),1P6 为编码前基带时钟,由于编码后数据增加,对应编码速率变快,实验中编码时钟为基带时钟的 2 倍,因此 64 个编码时钟周期包含 32 bit 基带数据,即两组 16 bit 基带数据。编码时两组分别进行卷积码编码,根据前面编码原理部分的介绍可知,每次编码后得到 28 bit 的数据。

在进行编码时，为了便于同步，将两组编码数据进行组帧，在最前面加上 8 bit 帧头（帧头为 0x7E），组成一帧完整的编码数据，即（8＋2×28）bit＝64 bit 数据。

在进行加错设置时，可以通过 4×7 bit 的拨码开关设置 4 组错误，4 组错误对应每块编码中的 28 bit 编码数据。对应组帧数据进行加错设置时，两组数据可分别进行。

五、实验步骤

1. 实验准备

1）实验模块在位检查

在关闭系统电源的情况下，确认下列模块在位：

（1）安卓应用开发模块（主控）。

（2）移动技术模块。

（3）安卓手机模块。

2）加电

打开系统电源开关，观察实验箱加电是否正常。在实验箱主控模块上，点击触屏为“移动技术”和“安卓手机”模块加电，观察加电过程是否正常，并等待主控模块系统正常启动。

3）选择实验内容

通过主菜单进入 APP 菜单页面，然后运行程序。使用触屏或鼠标在液晶屏上进行功能选择：“实验项目”→“信源编码和信道编码实验”→“卷积码编译码”，进入卷积码编译码实验页面。

4）等待程序加载

在进入每个实验时，平台会根据当前选择的实验内容下载对应的程序段，因此需要等待约 30 s，直到屏幕提示下载成功，移动技术模块运行指示灯开始闪烁。

2. 卷积码编码原理验证

1）基带数据的设置和观测

使用示波器分别观测 1P5 和 1P6。选择“基带设置”按钮，弹出 16 bit 拨码开关，修改编码速率及拨码开关，点击“设置”进行修改，用示波器观测波形的变化，理解并掌握基带数据设置的基本方法。

2）系统组帧原理观测

使用示波器分别观测 1TP13 和 1P12，其中 1TP13 为同步通道。将基带数据设置为全 0 码，观测一组完整的组帧数据，分析全 0 码下编码数据输出的内容。

3）编码数据观测

示波器保持上一步骤观测点。修改基带数据的设置，观测输出的编码数据，结合实验原理部分对帧结构的说明，分别记录基带数据和编码数据。多修改几组基带数据，记录对应的编码数据，验证编码是否正确。

4）加错数据观测

通过“加错设置”按钮对编码输出加错，16 bit 分 4 组编码，共 4×7 bit 可加错。修改 4 组拨码开关的加错数据，通过示波器观测加错前及加错后的数据，并分析加错位置。

注:4 组拔码开关分别对 16 bit 分成的 4 组 7 bit 卷积码编码后的数据进行加错。

3. 卷积码译码观测及纠错能力验证

1) 卷积码译码观测

连接 1P12 和 1P9,将输出的编码送入译码输入端。使用示波器分别观测 1P5 和 1TP12,观测原始基带数据和纠错译码后数据。将加错设置全部清零,通过"基带设置"修改基带数据,观测 1P5 和 1TP12 是否相同,是否有时延。如有时延,记录时延周期。

2) 卷积码译码纠错能力验证

通过"加错设置"按钮设置加错数据,观测基带数据和译码数据是否相同。加错时可以加入不同的加错图样,如每组编码加 1 bit 错误、加 2 bit 错误、…,加入连续错误,加入分散错误等,以便对卷积码译码能力进行验证。

4. 实验结束

实验结束,关闭电源,拆除信号连线,并按要求放置好实验附件和实验模块。

六、实验报告要求

(1) 简述卷积码编译码的工作原理及工作过程。
(2) 根据测量结果,画出各测量点波形,并附上推导过程。
(3) 体会卷积码的纠错能力。
(4) 分析实验中卷积码增加咬尾、删余、同步等操作的必要性。

实验五　汉明交织编译码及纠错性能验证

一、实验目的

(1) 学习交织编译码的基本概念。
(2) 掌握交织编译码方法。

二、实验器材

(1) RZ-DMIT-M4G 实验平台 1 台。
(2) 100 MHz 双通道示波器 1 台。
(3) 信号连接线若干。
(4) PC(二次开发)1 台。

三、实验原理

1. 交织编译码介绍

在一般的通信中,比特差错常成串发生,而信道编码(如汉明码)仅能检测和校正单个差错和不太长的差错串。为解决成串的比特差错问题,采用交织技术,即把一条消息中的相继比特分散开,以非相继方式发送,这样即使在传输过程中发生成串差错,在恢复成一条相继比特串的消息时,差错也会变成单个比特(或者长度很短)错误,可用信道纠正随机差错的编码技术(FEC)消除随机差错。

交织深度越大,离散度越大,抗突发差错能力就越强。但交织深度越大,交织编码处理时间越长,造成数据传输时延增大,也就是说,交织编码是以时间为代价的,因此交织编码属于时间隐分集。

2. 交织编译码原理

1) 交织编码

交织有很多不同的交织规则及交织深度,在本次实验中,采用交织度为 4 的(28,16)交织码,可以纠正 4 个突发错误。交织码的每一行称为交织码的子码,行数 m 称为交织度,子码采用(7,4)汉明码(Hamming)编码器:

$$\begin{matrix} a_{61} & a_{51} & a_{41} & a_{31} & a_{21} & a_{11} & a_{01} \\ a_{62} & a_{52} & a_{42} & a_{32} & a_{22} & a_{12} & a_{02} \\ a_{63} & a_{53} & a_{43} & a_{33} & a_{23} & a_{13} & a_{03} \\ a_{64} & a_{54} & a_{44} & a_{34} & a_{24} & a_{14} & a_{04} \end{matrix}$$

发送时按列的顺序进行,送入信道的子码为:$a_{61}a_{62}a_{63}a_{64}a_{51}a_{52}\cdots a_{01}a_{02}a_{03}a_{04}$。

2) 交织译码

将一帧 28 bit 数据接收下来,子码为 $a_{61}a_{62}a_{63}a_{64}a_{51}a_{52}\cdots a_{01}a_{02}a_{03}a_{04}$,重新对其进行分组,即分成 4 组汉明码分别进行译码,分组结果为 $a_{61}a_{51}a_{41}a_{31}a_{21}a_{11}a_{01}$ $a_{62}a_{52}a_{42}a_{32}a_{22}a_{12}a_{02}$ $a_{63}a_{53}a_{43}a_{33}a_{23}a_{13}a_{03}$ $a_{64}a_{54}a_{44}a_{34}a_{24}a_{14}a_{04}$,解码过程同汉明码。

基带数据为 1001001011010101,汉明码编码输出为 1001100 0010101 1101010 0101101,交织后输出为 1010001101001011110100100101。在传输过程中如果出现突发错误,例如前 4 个码元都出错,则接收码组变为 0101001101001011110100100101,译码时对接收码组重新进行分组,得到 0001100 1010101 0101010 1101101,然后进行汉明码译码,译码输出为 1001001011010101,因此交织度为 4 的(28,16)交织码可以纠正长度为 4 的突发错误。

四、实验框图及测量点说明

1. 实验框图

汉明交织编译码原理实验框图如图 8-17 所示。为便于观察实验结果,本实验不需要外接基带数据,而是直接内部产生 16 bit 的基带数据,并对该基带数据进行汉明码编码,编码后进行交织并输出。16 bit 基带数据按照(7,4)汉明码编码时需分为 4 组,编码后得到 28 bit 数据,再对 28 bit 数据进行交织,交织后可以直接输出,或者进行加错设置后输出。

将编码数据输入到译码输入端,可以完成帧同步、解交织、汉明码译码的纠错输出和未纠错输出。通过比较两组数据可以验证交织编码纠错能力。

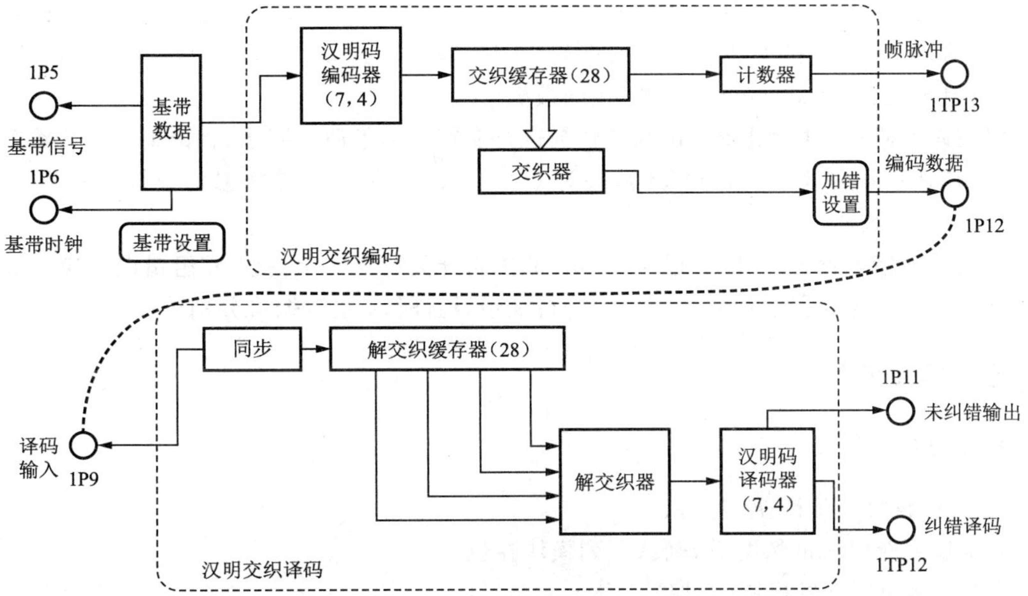

图 8-17 汉明交织编译码原理实验框图

2. 测量点说明

(1) 1P5：编码前基带信号。

(2) 1P6：编码前基带时钟。

(3) 1P12：编码数据。

(4) 1TP13：帧脉冲。

(5) 1TP11：未纠错输出。

(6) 1P9：译码输入端。

(7) 1TP12：纠错译码。

图 8-18 标注了一帧数据长度，该帧数据长度为 64 个编码时钟周期。下面对各测量点时序关系进行说明。

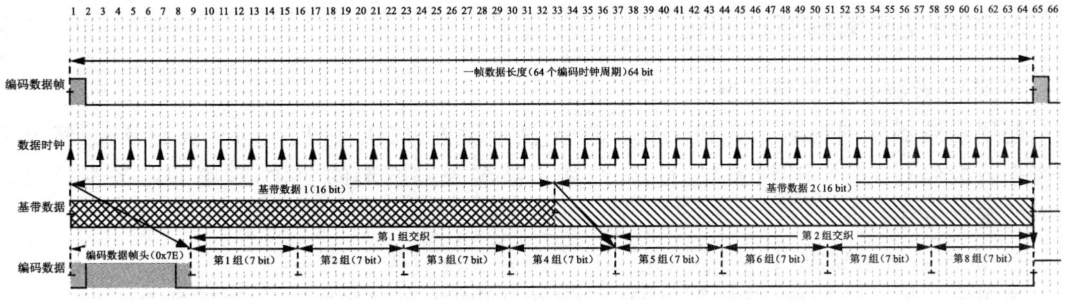

图 8-18 汉明交织编译码个测量点时序图

1TP13 为编码数据帧，每隔 64 个时钟周期输出一个帧脉冲，帧脉冲的上升沿为一帧的起始时刻。

1P5 为编码前基带信号(16 bit)，1P6 为编码前基带时钟，由于编码后数据增加，对应编码速率变快，实验中编码时钟为基带时钟的2倍，因此64个编码时钟周期包含32 bit基带数据，即两组16 bit基带数据。编码时两组16 bit数据分别以4 bit一组进行(7,4)汉明码编码，每组编码后得到4×7 bit=28 bit的数据。

汉明码编码后，对两组28 bit基带数据进行交织。为了便于同步，将两组交织后数据进行组帧，在最前面加上8 bit帧头(帧头为0x7E)，组成一帧完整的编码数据，即(8+2×28)bit=64 bit数据。

在进行加错设置时，可以通过4×7 bit的拨码开关设置4组错误，4组错误对应每块编码中的28 bit编码数据。对应组帧数据进行加错设置时，4组数据可分别进行。

五、实验步骤

1. 实验准备

1）实验模块在位检查

在关闭系统电源的情况下，确认下列模块在位：

(1) 安卓应用开发模块(主控)。

(2) 移动技术模块。

(3) 安卓手机模块。

2）加电

打开系统电源开关，观察实验箱加电是否正常。在实验箱主控模块上，点击触屏为“移动技术”和“安卓手机”模块加电，观察加电过程是否正常，并等待主控模块系统正常启动。

3）选择实验内容

通过主菜单进入APP菜单页面，然后运行程序。使用触屏或鼠标在液晶屏上进行功能选择：“实验项目”→“信源编码和信道编码实验”→“交织技术实验”，进入交织编译码实验页面。

4）等待程序加载

在进入每个实验时，平台会根据当前选择的实验内容下载对应的程序段，因此需要等待约30 s，直到屏幕提示下载成功，移动技术模块运行指示灯开始闪烁。

2. 汉明交织编码原理验证

1）基带数据的设置和观测

使用示波器分别观测1P5和1P6。选择“基带设置”按钮，弹出16 bit拨码开关，修改编码速率及拨码开关，点击“设置”进行修改，用示波器观测波形的变化，理解并掌握基带数据设置的基本方法。

2）系统组帧原理观测

使用示波器分别观测1TP13和1P12，其中1TP13为同步通道。将基带数据设置为全0码，观测一组完整的组帧数据，分析全0码下编码数据输出的内容。

3）编码数据观测

示波器保持上一步骤观测点。修改基带数据的设置，观测输出的编码数据，结合实验原理部分对帧结构的说明，分别记录基带数据和编码数据。多修改几组基带数据，记录对应的编码数据，验证编码是否正确。

注：交织前数据为汉明码编码数据，可自行计算。

4）加错数据观测

通过“加错设置”按钮对编码输出加错，16 bit 分 4 组编码，共 4×7 bit 可加错。修改 4 组拨码开关的加错数据，通过示波器观测加错前及加错后的数据，并分析加错位置。

注：4 组拨码开关分别对 16 bit 分成的 4 组 7 bit 数据交织码编码后数据进行加错。

3. 汉明交织译码观测及纠错能力验证

1）汉明交织译码观测

连接 1P12 和 1P9，将输出的编码送入译码输入端。使用示波器分别观测 1P5 和 1TP12，观测原始基带数据和解交织后纠错译码数据。将加错设置全部清零，通过“基带设置”修改基带数据，观测 1P5 和 1TP12 是否相同，是否有时延。如有时延，记录时延周期。

2）汉明交织译码纠错能力验证

通过“加错设置”按钮设置加错数据，观测基带数据和译码数据是否相同。加错时可以加入不同的加错图样，如每组编码加 1 bit 错误、加 2 bit 错误、…，加入连续错误，加入分散错误等，以便对交织译码能力进行验证。

分析：实验中的交织译码最多可以纠正几个连续的突发错误？相比汉明码，交织的纠错能力（一组数据中最大纠正错误数）有提升吗？

4. 实验结束

实验结束，关闭电源，拆除信号连线，并按要求放置好实验附件和实验模块。

六、实验报告要求

(1) 简述汉明交织编译码的工作原理及工作过程。

(2) 根据测量结果，画出各测量点波形，并演算汉明交织译码及纠错规则。

实验六　扩频与解扩实验

一、实验目的

(1) 掌握直接序列扩频的原理。

(2) 掌握直接序列扩频接收端同步原理及解扩方法。

二、实验器材

(1) RZ-DMIT-M4G 实验平台 1 台。

(2) 100 MHz 双通道示波器 1 台。

(3) 信号连接线若干。

(4) PC(二次开发)1 台。

三、实验原理

1. 扩频概念及原理

1）扩频通信

扩频通信系统是指将待传输信息的频谱用某个特定的扩频函数扩展成为宽频带信号后送入信道中传输，在接收端利用相应手段将信号解压缩，从而获取传输信息的通信系统。这一定义包括以下 3 方面内涵：

（1）信号频谱被展宽。在常规通信中，为了提高频率利用率，通常采用大体相当带宽的信号来传输信息，而扩频通信的信号带宽与信息带宽之比高达 100～1 000，属于宽带通信，如此高的信号带宽与信息带宽之比是为了提高通信的抗干扰能力，这是扩频通信的基本思想和理论依据。扩频通信系统扩展的频谱越宽，处理增益越高，抗干扰能力就越强。

（2）采用扩频码序列调制的方式来展宽信号频谱。由信号理论可知，脉冲信号宽度越窄，其频谱就越宽，信号的频谱宽度和脉冲宽度近似成反比，因此所传信息被越窄的脉冲序列调制，则可产生越宽频谱的信号。扩频码序列就是很窄的脉冲序列。

（3）在接收端用与发送端完全相同的扩频码序列进行解扩。

2）直接序列扩频

常用的扩频方式可分为直接序列扩频、跳频扩频、跳时扩频和混合式扩频。本实验采用的是直接序列扩频方式，它是把要发送的信息用伪随机序列（PN）扩展到一个较宽的频谱上，用扩频后的信息去完成调制，从而扩展频谱。一般而言，可以采用任何一种调制方式，最常用的是 2PSK。

在接收端用与发送端相同的伪随机序列对接收到的扩频信号进行处理，恢复出原来的信息。干扰信号与伪随机序列不相关，干扰信号频谱在接收端被扩展，使落入信号频带内的干扰信号功率大大降低，从而提高了系统的输出信噪比，达到抗干扰的目的。

图 8-19 和图 8-20 分别为扩频前、后 2PSK 信号的频谱。通过对比可以发现，2PSK 信号的频谱大大展宽了。

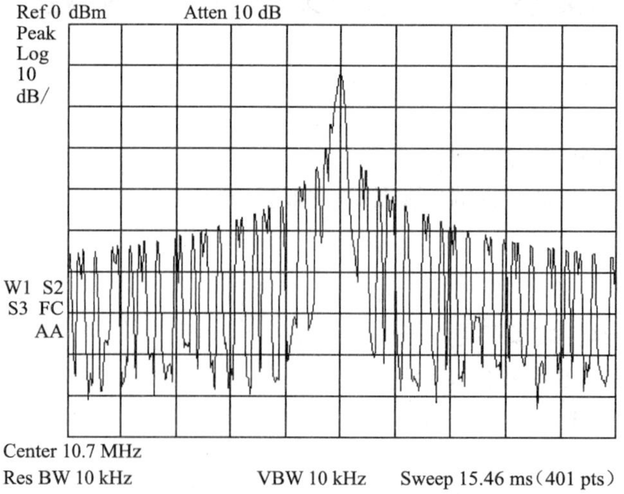

图 8-19 扩频前 2PSK 信号的频谱

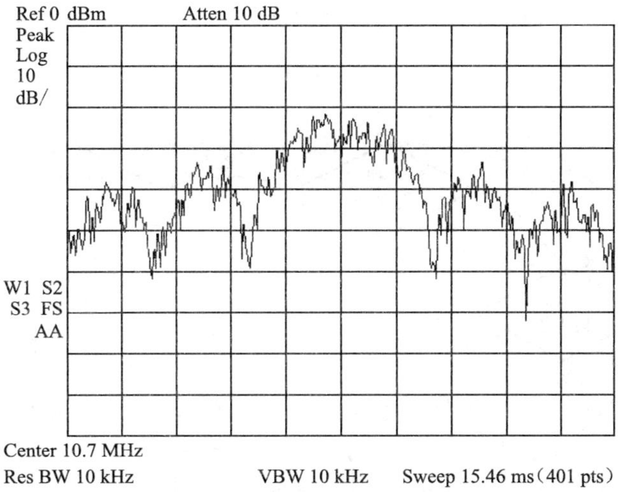

图 8-20　扩频后 2PSK 信号的频谱

直接序列扩频通信系统先用二进制信码对载波进行反相键控，这个过程可以用相乘电路或平衡调制器实现；然后对已调信号进行第二次调制，用发送设备中产生的一个伪随机序列再次进行反相键控，此伪随机序列的速率远高于信码速率，此次调制起到扩频作用。由于信码和扩频用的伪随机序列都是二进制序列，而且是对同一载波进行反相键控，所以调制器实际上可以简化，即先将两路编码序列模 2 相加，然后进行反相键控。已调信号（扩频后信号）可以直接传输或经过向上变频后送入信道传输。本实验将已调信号直接传输。

在接收端，先用与发送端同步的相同的伪随机序列反相键控本地振荡器，然后用此已调本振去混频，得到窄带的仅受信码调制的中频信号。中频信号经过中频放大后就可以进入普通的相移信号解调器解调出信码。

图 8-21 为直接序列扩频系统框图。

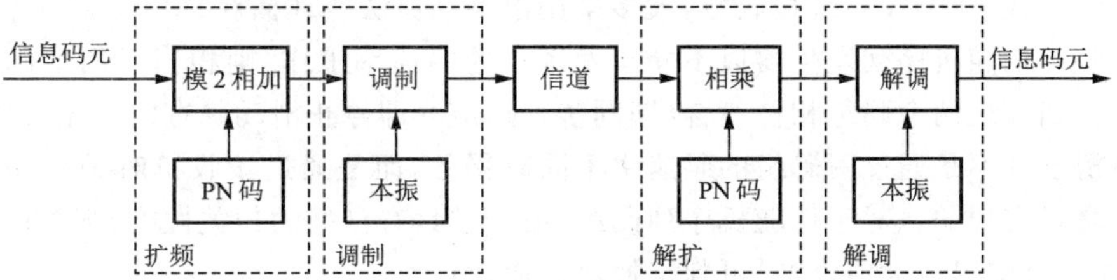

图 8-21　直接序列扩频系统框图

注：在实际通信中，为了解决相位模糊问题，在扩频前会进行差分编码，即采用 DPSK 调制。本实验为了方便观察扩频前后的对应关系，跳过了差分编码步骤，直接完成了 DPSK 调制，因此在实验中会发现码元反向。

2. 解扩同步原理（扩频码的捕获与跟踪）

扩频码的捕获与跟踪不是两个独立的过程，而是相互协作、不断动态变化的过程。图 8-22 为解扩同步的流程图。从初始状态开始，通过滑动计算相关量并搜索最大值，检测到最大值后，保存当前最大值及其索引，然后跳转到下一次相关量搜索，搜索到的最大值和索引若与第一次的相同，则跳转到下一状态，否则恢复初始状态继续搜索，直到达到同步锁定。

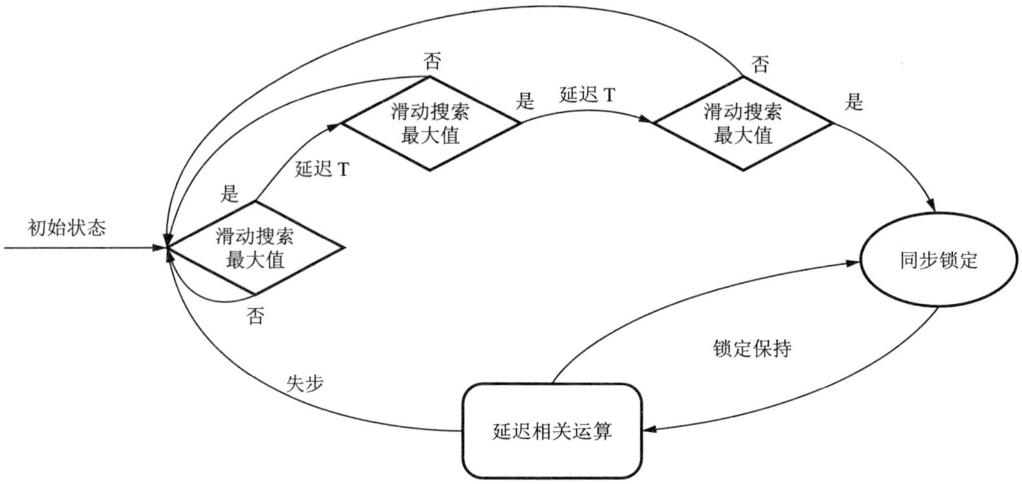

图 8-22　解扩同步流程图

同步锁定后，通过延迟相关运算不断检测当前相关量情况，实现同步跟踪保持，并通过同步后的 PN 码，实现解扩运算。如果无法满足跟踪保持条件，则恢复到失步状态，重新搜索同步。

1）扩频码的捕获（滑动相关捕获）

伪随机序列的同步一般分两步进行：第一步是搜索和捕获伪随机序列的初始相位，使其与发送端的码相位误差小于 1 bit，这样可保证解扩后的信号通过相关器后面的窄带中频滤波器，通常称这一步为初始同步或捕获；第二步是在初始同步的基础上，进一步减小码相位误差，使所建立的同步保持下去，通常称这一步为跟踪。

常用的捕获方法有滑动相关法、前置同步码法、发射参考信号法、突发同步法和匹配滤波器同步法。在 CDMA 系统接收端，大多采用滑动相关法实现捕获。

若接收端伪随机序列发生器以不同于发送端的码速率工作，则相当于两个码组间存在相对滑动。当发现两个码组相位符合（即同步）时，应立即停止滑动。在实际系统中，两码组间的相对滑动并不是通过两码组的码速率不同获得的，而是通过接收机时钟周期性地移动一个相位增量实现的。对于伪随机序列码组，由于它具有良好的相关性能，当两码组的相位符合时，相关器输出极大值，此时可判定捕获完成。

2）扩频码的跟踪（状态机跟踪法）

在传统的模拟电路中，PN 码的跟踪一般采用延迟锁相环来实现。在新型的数字同步系统（本实验）中，同步跟踪采用同步状态机跟踪法，它与延迟锁相环较为相似。当接收到的信号与本地的 PN 码达到同步后，表明同步时间参考已经建立，此时将跟踪状态机锁定到同步状态，之后根据扩频码的长度，周期性延迟 PN 码锁定与接收到的扩频数据，并用相关量运算来监视该锁定状态是否满足同步要求：如果当前 PN 码和接收到的 PN 码相位相同，则相关量运算满足同步状态机要求，保持同步状态；否则，跳出同步状态，重新滑动搜索同步状态。

四、实验框图及测量点说明

1. 实验框图

如图 8-23 所示，扩频解扩实验框图可分为以下 3 个功能模块。

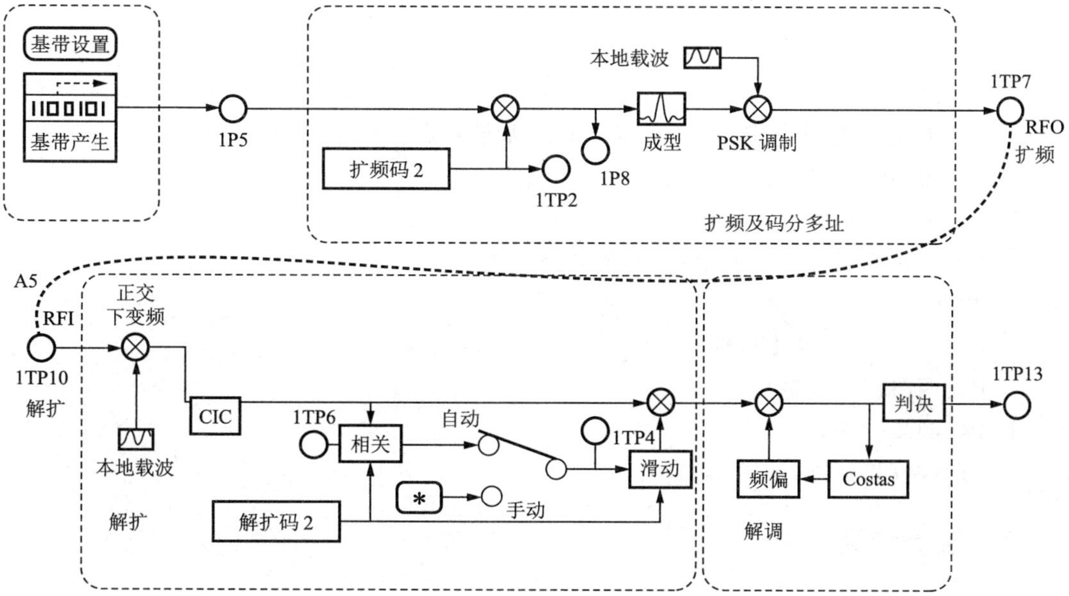

图 8-23　扩频解扩实验框图

CIC—地面电路识别号；Costas—锁相环；* —手动步长设定

1）基带产生

该模块具有基带信号产生功能。从 1P5 输出基带信号，点击“基带设置”按钮，可以修改基带信号输出的相关参数。实验时需将基带速率设置为 4 kHz。

2）扩频发送

为了验证不同码作为扩频码的区别，本地的扩频码没有采用延迟反馈序列的方法产生 m 序列，而是手动设置扩频码，通过“扩频码 2”按钮进行设置。为了便于示波器观测，扩频码长度设为 16 bit。

输入的基带数据与扩频码相乘，完成基带直接序列扩频后，再通过符号映射、成型滤波，之后与本地载波相乘，完成 PSK 调制，从而完成整个扩频过程。

3）接收解扩

该模块主要完成解扩码同步及解扩，最后解调出基带数据。

将扩频数据输入 RFI(1TP10)，首先与本地载波相乘，完成正交下变频(由于本地载波频率和相位不同步，下变频后存在频差)，之后使用本地解扩码进行同步和解扩，在解扩前对扩频码进行同步，采用滑动相关法进行同步捕获。通过“自动”“手动”切换开关可以切换同步算法，实现自动滑动相关同步或手动滑动相关同步。其中，当自动滑动相关同步在发送端和接收端采用相同的扩频码时，可以实现自动同步捕获，并进行同步跟踪；当手动滑动相关同步时，可以通过旋钮或鼠标滑轮逐渐修改当前 PN 码的滑动量，直到达到同步状态，滑动量的修改范围为 0～255。在手动滑动相关同步状态下，失去同步后无法完成同步状态的跟踪。扩频信号和本地解扩码的相关量通过 1TP4 输出。在同步过程中，根据定时变化的相关量完成位同步提取。

同步捕获后的信号可以采用本地解扩码进行解扩操作，解扩后的数据输入 PSK 解调器中进行解调，解调采用 Costas 环消除频差，最后判决完成 PSK 解调。本实验重点研究扩频解扩，对 PSK 解调部分这里不再专门展开研究。

2. 测量点说明

1）发送端

1P5：两路基带数据输出，实验时需 4 kHz 基带数据。

1P8：本地两路直接序列扩频输出。

1TP2：本地扩频码 2 输出（可设置 16 bit）。

1TP7：扩频或码分多址输出（可通过 3 路开关切换）。

2）接收端

1TP10：扩频或码分多址输入。

1TP6：两路相关量输出。

1TP4：同步脉冲。

1TP13：两路解扩解调输出。

五、实验步骤

1. 实验准备

1）实验模块在位检查

在关闭系统电源的情况下，确认下列模块在位：

（1）安卓应用开发模块（主控）。

（2）移动技术模块。

（3）安卓手机模块。

2）加电

打开系统电源开关，观察实验箱加电是否正常。在实验箱主控模块上，点击触屏为“移动技术”和“安卓手机”模块加电，观察加电过程是否正常，并等待主控模块系统正常启动。

3）选择实验内容

通过主菜单进入 APP 菜单页面，然后运行程序。使用触屏或鼠标在液晶屏上进行功能选择：“实验项目”→“多址技术”→“直接序列扩频（DS）编解码实验”，进入扩频实验页面。

4）等待程序加载

在进入每个实验时，平台会根据当前选择的实验内容下载对应的程序段，因此需要等待约 30 s，直到屏幕提示下载成功，移动技术模块运行指示灯开始闪烁。

2. 扩频码及扩频数据观测

1）本地基带数据观测

使用示波器观测 1P5。点击“基带设置”按钮，选择“16 bit”“4 kHz”，修改拨码开关，通过示波器观测波形变化，理解并掌握基带数据设置的基本方法。编码速率为固定的 4 kHz 基带数据。

2）扩频码观测

使用示波器分别观测 1P5 和 1TP12，其中 1P5 为同步通道。为便于观测，将基带数据设置为“1000 0000 0000 0000”，则与 1P5 输出“1”码对齐的 16 bit 数据为当前选择的扩频码 2(扩频码输出有轻微时延)。点击“扩频码 2”，修改当前扩频码，观测扩频码的变化。

注：由于扩频码输出采用了模拟接口，码元有轻微失真和延迟，但该现象可忽略。

3）扩频后数据观测

使用示波器分别观测 1P5 和 1P8。修改基带数据的设置，观察 1P8 扩频后数据输出变化；尝试修改扩频码 2 数据，观察 1P8 扩频后数据输出变化。分别记录基带数据、扩频码 2 和扩频后数据，分析其对应关系和速率变化。尝试多修改几组基带数据和扩频码数据，分析扩频的相关算法。

4）扩频后频谱观测

点击“基带设置”按钮，设置一组随机序列，如“1111 0101 1001 0000”；“扩频码 1”设置为一组随机序列，如“0100 0011 1101 0110”。使用示波器的频谱分析功能，分别分析扩频前基带信号(1P5)和扩频后输出(1P8)的频谱，对比基带信号扩频前后的变化。

修改“基带设置”和“扩频码 1”的数据，观察频谱的变化。

注：如果设置的数据有规律性，可能会影响频谱结果，如设置“1100 1100 1100 1100”，则基带信号的速率为 2 kHz，因此设置基带信号和扩频码时，需考虑其特性。

5）扩频调制输出

使用示波器同时观测 1P8 和 1TP7，观察 PSK 调制后数据，调制载波频率默认为 512 kHz，可以通过“载波”按钮修改频率。

6）扩频前后调制信号频谱分析

这里选择将扩频码设置为全 0，观察扩频前后调制数据的频谱变化。

扩频前频谱：将“基带设置”设置为 01 交替或随机序列，同时将“扩频码 2”设置为全 0，用示波器的频谱功能分析 1TP7 输出信号的频谱。

扩频后频谱：将“扩频码 2”设置为“1111 0101 1001 0000”，分析扩频前后信号频谱的变化。

修改不同的原始基带数据和扩频码数据，观察扩频前后信号频谱的变化。

注：该步骤结束时将“扩频码 2”设置为“1111 0101 1001 0000”。

3. 解扩同步及解扩数据观测

1）连线设置

使用两端均为 SMA 的线连接 RFO 和 RFI 接口。

2）本地解扩码设置

与扩频端相同，将“解扩码 2”设置为“1111 0101 1001 0000”。在解扩时，暂时只研究一路数据，在后面的码分多址系统实验中再同时研究两路解扩数据。

3）“自动同步”及相关性观测

为了研究解扩端比较重要的知识点——扩频码同步，实验中设置“自动同步”和“手动同步”两种方式。本实验选择自动同步。

将扩频码同步开关设置为“自动同步”，此时会用自动搜索同步算法寻找接收信号和本地解扩码相关量的峰值，并通过 1TP4 输出搜索位置。用示波器观测当前自动同步脉冲 1TP4 和接收信号相关量输出 1TP6。

观察同步脉冲与自相关峰值是否同步，通过多次插拨接收端的信号，观察两者是否可以回到同步状态。

注：自相关量通过 D/A 输出，在和 1TP4 同步观测时有一定的时延。

4）解调信号输出

用示波器分别观测 1P5 和 1TP13，对比解调数据是否正确。

注：由于采用 PSK 调制，因此码元反向也认为解调正确。

5）修改参数重复分析

尝试修改发送端和接收端扩频码，观测中间测量点和解调数据变化。尝试修改发送端载波频率，观测中间测量点及解调数据变化。

4. 实验结束

实验结束，关闭电源，拆除信号连线，并按要求放置好实验附件和实验模块。

六、实验报告要求

（1）简述扩频解扩的原理及作用。

（2）了解扩频码的产生及特性。

（3）了解解扩端同步原理。

（4）完成实验中的测量并记录各测量点波形。

实验七　码分多址系统实验

一、实验目的

（1）理解码分多址的概念。

（2）掌握码分多址的基本原理。

（3）了解码分多址在实际通信系统中的应用。

二、实验器材

（1）RZ-DMIT-M4G 实验平台 1 台。

（2）100 MHz 双通道示波器 1 台。

（3）信号连接线若干。

（4）PC(二次开发)1 台。

三、实验原理

1. 码分多址概念

码分多址(CDMA)即不同用户传输信息所用的信号不是靠频率或时隙区分，而是用不同的编码序列区分，或者说，是依靠信号的不同波形区分(用 PN 码区分用户)。由于 CDMA 技术可以处理多媒体数据业务的异步特性，提供比传统多址技术更高的容量，并且能够抵抗信道的频率选择性衰落，提供方便的多用户接入，因此码分多址技术成为第三代移动通信的主要技术。

DS-CDMA 利用高速率的正交码或准正交码作为地址码，与用户信息数据相乘(模 2 相加)，得到数据信息的直接序列扩频信号，经相应的信道传输，在接收端与本地产生的地址码进行相关检测，从中选出与本地地址码一致的用户数据，并把不一致的用户数据滤除掉。码分多址通信系统可以完成时域、频域及空间上混叠的多个用户数据的同时传输。

2. 码分多址实现

实验中采用两路数据的码分多址，为了便于观测，扩频码长度为 16 bit。但在实际系统中，码分多址的用户数可以有很多，扩频码长度也会长得多。对 CDMA 系统而言，扩频码越长意味着同一个信道用户的容量越大，但用户越多，解扩端的同步门限越严格，这意味着用户容量不能无限地扩展。

码分多址实验如图 8-24 所示：在输入端输入两路基带数据，分别与两路扩频码相乘，完成基带序列的扩频；扩频完成后，进行基带成型和 PSK 调制，完成单路的扩频调制输出；通过加法器在发送端完成信号的复用输出，即码分多址。

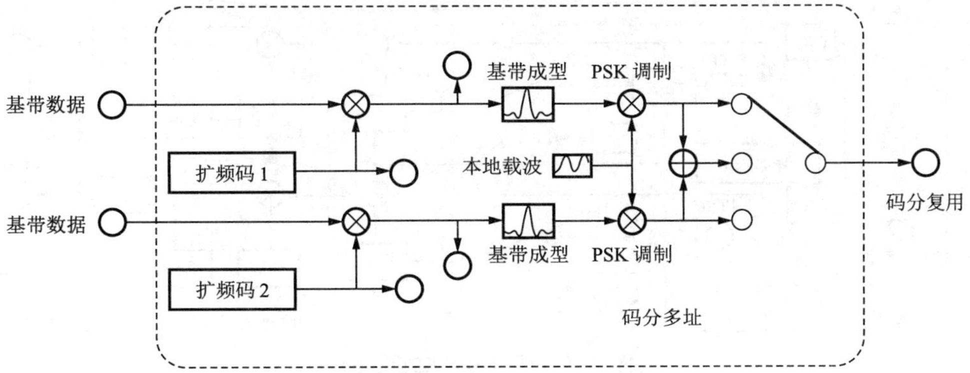

图 8-24　码分多址示意图

3. 码分多址解复用实现

前面的实验已经研究了解扩，而码分多址解复用实际上就是用两路不同的解扩码分别进行解扩，两路数据相互独立，如图 8-25 所示。

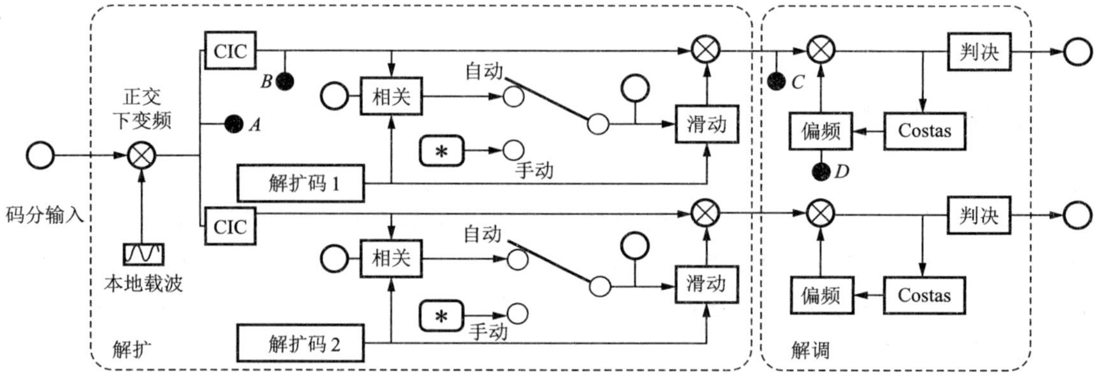

图 8-25　码分多址解复用示意图

四、实验框图及测量点说明

1. 实验框图

如图 8-26 所示，整个框图可以分为以下 3 个功能模块。

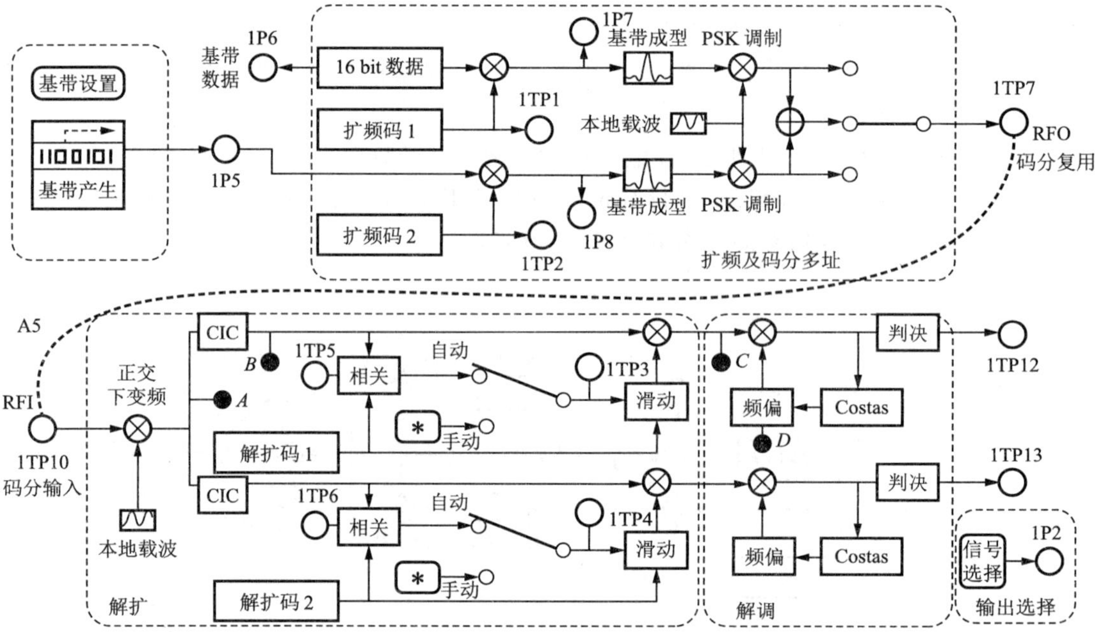

图 8-26　码分多址实验框图

1）基带产生

该模块具有基带信号产生功能。从 1P5 输出基带信号，点击“基带设置”按钮，可以修改基带信号输出的相关参数。实验时需将基带速率设置为 4 kHz。

2）码分多址发送

该模块可实现码分多址。通过后面的 3 路切换开关，可以分别观测独立的两路扩频或两路合成的码分多址。

两路基带信号分别通过内部产生和外部引入，之后分别利用“扩频码 1”和“扩频码 2”进行扩频，然后与本地载波相乘进行 PSK 调制，最后相加合路，完成码分复用输出。

两路扩频码均可通过 16 bit 拨码开关自由设置。在实验时为了实现码分多址，需要选用两路正交码元作为扩频码，因此需要选择两组 Walsh 序列。

3）码分多址接收及解扩

该模块主要完成两路解扩过程，实现码分多址解复用。

由于本实验主要研究码分多址特性，因此解扩的测量点不再重点研究。

2. 测量点说明

1）发送端

1P5：两路基带数据输出，实验时需 4 kHz 基带数据。

1P6：一路基带数据输出，可修改 16 bit 数据。

1P7：本地一路直接序列扩频输出。

1P8：本地两路直接序列扩频输出。

1TP1：本地扩频码 1 输出（可设置 16 bit）。

1TP2：本地扩频码 2 输出（可设置 16 bit）。

1TP7：扩频或码分多址输出（可通过 3 路开关切换）。

2）接收端

1TP10：扩频或码分多址输入。

1TP5：一路相关量输出。

1TP6：两路相关量输出。

1TP3：手动同步时，一路时隙脉冲。

1TP4：手动同步时，两路时隙脉冲。

1TP12：一路解扩解调输出。

1TP13：两路解扩解调输出。

A,B,C,D：4 个中间测量点，通过右下角输出选择按钮，从 1P2 输出。

五、实验步骤

1. 实验准备

1）实验模块在位检查

在关闭系统电源的情况下，确认下列模块在位：

(1) 安卓应用开发模块（主控）。

(2) 移动技术模块。

(3) 安卓手机模块。

2）加电

打开系统电源开关，观察实验箱加电是否正常。在实验箱主控模块上，点击触屏为“移动技术”和“安卓手机”模块加电，观察加电过程是否正常，并等待主控模块系统正常启动。

3）选择实验内容

通过主菜单进入 APP 菜单页面，然后运行程序。使用触屏或鼠标在液晶屏上进行功能选择:"实验项目"→"多址技术"→"DS/CDMA 码分多址结束",进入码分多址实验页面。

4)等待程序加载

在进入每个实验时,平台会根据当前选择的实验内容下载对应的程序段,因此需要等待约 30 s,直到屏幕提示下载成功,移动技术模块运行指示灯开始闪烁。

2. 码分复用观测

1)码分复用基带数据的设置和观测

使用示波器观测 1P5。点击"基带设置"按钮,将基带数据设置为"4 K,15-PN",观测基带数据。

使用示波器观测 1P6。点击"基带设置"按钮,弹出 16 bit 拨码开关,修改拨码开关,观测数据变化。

2)两路扩频码的设置和观测

使用示波器分别观测 1TP1 和 1TP2。修改"扩频码 1"的数据,观测 1TP1 扩频后数据输出变化;修改"扩频码 2"的数据,观测 1TP2 扩频后数据输出变化。

从表 8-2 中选择两组 Walsh 序列,分别作为两路扩频码的数据,如 0 1 0 1 1 0 1 0 1 0 1 0 0 1 0 1 和 0 0 1 1 1 1 0 0 1 1 0 0 0 0 1 1。

3)两路扩频后数据观测

使用示波器分别观测 1P7 和 1P8,分析两路扩频后数据。

4)扩频调制后数据和合路数据观测

使用示波器观测 1TP7,通过切换 3 路开关,使 1TP1 分别输出"1 路""2 路""码分多址"数据。

3. 码分多址解复用

1)连线设置

使用两端均为 SMA 的线连接 RFO 和 RFI 接口。

2)本地解扩码设置

将"解扩码 1"和"解扩码 2"设置为与扩频端相同的数据。

3)本地同步相关量观测

将同步模式修改为"自动同步"模式,示波器同时观测 1TP3 和 1TP5,分析当前解扩端是否实现解扩码同步。

同样地,重复上述操作观测两路解扩数据,使用示波器同时观测 1TP4 和 1TP6。

思考:由于 Walsh 序列自相关特性不好,如何实现同步算法(结合解扩同步算法)?

4)本地解调数据观测

使用示波器同时观测 1P6 和 1TP12,分析 1P6 和 1TP12 观测的数据是否相同。

使用示波器同时观测 1P5 和 1TP13,分析 1P5 和 1TP13 观测的数据是否相同。

注意:由于采用 PSK 调制,因此码元反向也认为解调正确。

4. 实验结束

实验结束,关闭电源,拆除信号连线,并按要求放置好实验附件和实验模块。

六、实验报告要求

（1）简述码分多址及解复用的原理。

（2）了解 Walsh 序列的特点及产生方法。

（3）了解解扩端同步原理。

（4）完成实验中的测量并记录各测量点波形。

第九章

4G 通信模块

移动通信技术发展经历了 1G 的模拟语音通信，2G 和 3G 的数字语音通信，现在已经完全进入 4G 数据通信时代，并逐步迈向 5G 移动通信时代。用户对数据的需求已经不仅限于对语音及短消息的需求，未来语音通信会被逐渐取代，进入纯数据通信时代。

不同的通信时代有对应的通信技术，如在 2G 时代，我国主要采用 GSM 网络，3G 时代采用 TD-SCDMA，4G 时代则采用 TD-LTE。TD-LTE 移动通信技术在 20 MHz 频谱带宽上能够提供下行 100 Mbps、上行 50 Mbps 的峰值速率，与 2G，3G 时代相比有很大的提升。我们通常讲的 4G LTE 是 TD-LTE 和 FDD-LTE 等 LTE 网络制式的统称，它具有通信速度快、网络频谱宽、通信灵活等特点。

在 2G，3G 时代选用 2G，3G 模块进行实验，主要完成对应的语音通信，到了 4G 时代，开始选用 4G 模块进行实验，可同时完成语音及数据通信。4G 模块是硬件加载到指定频段，软件支持标准的 LTE 协议，软、硬件高度集成模组化的一种产品的统称。硬件将射频、基带集成在一块 PCB 小板上，完成无线接收、发射、基带信号处理等功能，配套软件支持语音拨号、短信收发、拨号联网等功能，如图 9-1 所示。

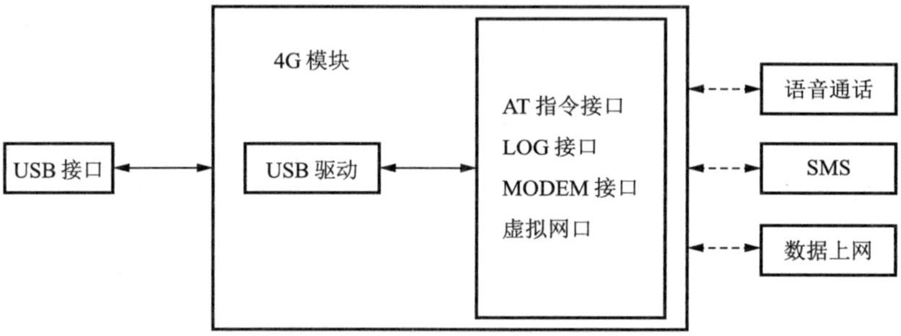

图 9-1　4G 模块内部结构示意图

很多日常生活中的通信设备都内置无线通信模块，因此了解模块的功能对产品设计研发有很大帮助。将模块接上外设，可以将模块设计成一部手机或一个无线上网卡等设备。下面以手机为例，了解如何利用通信模块设计一部手机。

由图 9-2 可以看到，将一块 4G 模块配置上处理器、显示屏、各类传感器、键盘/触屏即可组装出一部简单的手机或移动平板。后续实验将主要介绍实验模块如何实现类似手机的通话、短消息及数据上网功能。

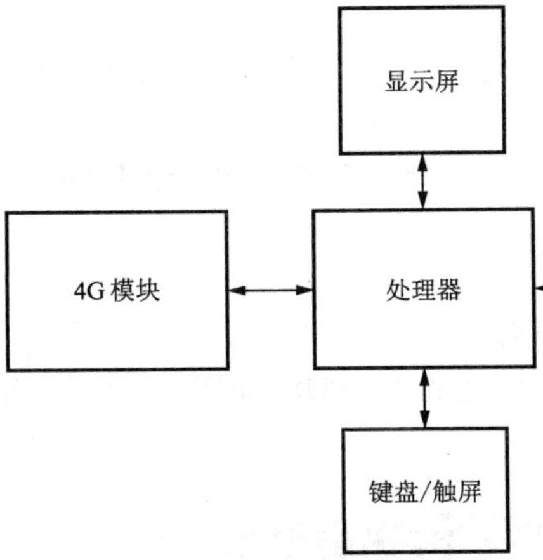

图 9-2 利用 4G 模块设计手机示意图

实验八 4G 模块介绍及 AT 指令常识

一、实验目的

(1) 了解 4G 模块的特点。

(2) 了解配置 4G 模块的 AT 指令。

二、实验器材

(1) 4G 移动通信模块 1 块。

(2) PC/安卓开发板+配套 AT 测试软件 1 组。

三、实验原理

1. 4G 移动终端模块

本实验用实验箱内装配了商用的 4G 无线模块。该模块是一款多模式、多频段、高度集成的 2G/3G/4G 无线模块,带有标准的 USB 接口以及 USIM 卡接口,可以在 PC 上用 AT 指令通过串口进行设置。该模块是一个在语音和数据通信上通用的多模式移动终端产品,其技术特点如下。

(1) 硬件:采用商用的多模式移动通信模块,提供外置供电、USB 接口、双天线接口、USIM 卡接口等,支持便携式携带。

(2) 协议:支持 GSM/TD-SCDMA/TD-LTE 等多种 2G/3G/4G 通信标准。

(3) 业务:支持包括 SMS、普通语音、EDGE 和 HSPA、TD-LTE 高速数据等在内的全业务承载。

(4) 速率:支持 2×2MIMO,支持上行 50 Mbps、下行 100 Mbps 的传输速率。

(5) AT 指令:支持完整 AT 指令操作方式,配套专用的 AT 指令测试软件。

(6) 参数解析软件:支持对模块的返回信息进行解析,对当前模块的状态和基站信号参数进行解析。

(7) 信令解析:可以实时跟踪 4G 模块和基站之间的通信状态,捕获信令,分析其通信流程。

(8) AT 指令:GSM 标准 AT 指令,V. 25 AT 指令,华为扩展的 AT 指令。

(9) SIM 卡连接方式:外接。

(10) SIM 卡操作电压:3 V。

(11) 天线:由天线连接器连接外部天线。

本实验 4G 移动终端模块采用全网通的 4G 模块,如图 9-3 所示,各个功能单元说明如下。

图 9-3　模块示意图

(1) 电源指示灯:POWER 指示灯,加电灯亮。

(2) USB 接口:模块的 USB 接口,可以实现 AT 指令发送和信息采集。

(3) SIM 卡插槽:放置 SIM 卡(Micro SIM),按照方向指示放置。

(4) 连接指示灯:SINK 指示灯,指示模组的网络运行状态,不同状态见表 9-1。

表 9-1　网络运行状态指示表

慢闪(200 ms OFF/1 800 ms ON)	搜网状态
快闪(1 800 ms OFF/200 ms ON)	待机状态
速闪(125 ms OFF/125 ms ON)	数传模式
高电平	通话中

(5) 天线:2×2MIMO 天线,其中 M_ANT 为主天线,D_ANT 为从天线。

(6) 复位按钮:按一下即可复位。

(7) 跳线:按下系统复位,可以通过两个跳线开关切换当前串口连接的设备,见表 9-2。

(8) 串口:USB 转串口,可使用串口调试助手连接计算机。

表 9-2 跳线设置

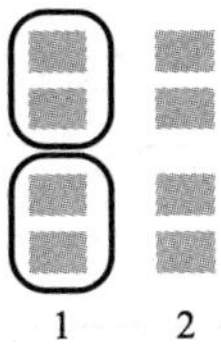	跳线在位置 1:USB 口—4G 模块
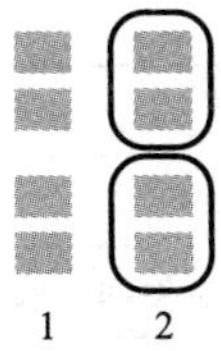	跳线在位置 2:ARM 板—4G 模块

注:USB 口实际为 USB 转串口。

2. AT 指令介绍

AT 即 attention,AT 指令集是从终端设备(TE)或数据终端设备(DTE)向终端适配器(TA)或数据电路终端设备(DCE)发送的。AT 指令最初是一组用来控制 MODEM 的指令集,它包含最基本的 Hayes 指令集和各厂家特有的指令,后来主要的移动电话生产厂商诺基亚、爱立信、摩托罗拉和 HP 共同为 GSM 研制了一整套 AT 指令,AT 指令便在此基础上演化并被加入 GSM 标准,这样各种 GSM 模块都支持用户用 AT 指令对其进行控制。之后的 3G 和 4G 模块在原有 GSM 标准下进行了改进及扩展,并延续了传统的 AT 指令方式。

移动模块启动后处于命令状态,在该状态下,它以 AT 指令形式接收指令。模块接收到 AT 指令后,对指令进行解释和执行,并返回相应的结果码。AT 指令包括 AT 指令开始符号、响应数据包和字符结束字符串。每个指令执行成功与否都有相应的返回。其他一些非预期的信息(如有人拨号进来、线路无信号等),模块会有对应的信息提示,接收端可做相应的处理。

3. AT 指令发送格式

所有的 AT 指令都由一个特定的指令前缀开始,由一个指令结束符结束。指令前缀通常由 AT 两个字符组成,它是 attention 的缩写,意思是“引起注意”;指令结束符是一个单字节或双字节,通常为回车符＜CR＞和换行符＜LF＞。

对不同的模块,实际使用时会有一部分通用指令(“AT+指令”格式),还有针对模块的专用指令(“AT^指令”格式)。

一般一个模块的 AT 指令有多种类型,如查询指令、设置指令、操作指令(电话、短消息)、返回指令等,在使用指令时要先熟悉指令的格式及使用方法。

以时间设置指令 AT+CMGF 为例,了解指令操作的方法,见表 9-3。表 9-4 是一些常用的 AT 指令。

表 9-3　时间设置指令功能

AT 指令	返　回	说　明
AT＋CMGF=[＜mode＞]	OK	设置指令
AT＋CMGF?	＋CMGF:＜mode＞	查询指令
AT＋CMGF=?	＋CMGF:(＜mode＞取值列表)	测　试

表 9-4　常用 AT 指令

AT 指令	说　明
基本指令	
AT	测试模块是否处于正常工作状态,正常返回 0 或 OK
ATEn	指令回应:$n=1$ 为打开输入指令回显,$n=0$ 为关闭输入指令回显
ATVn	结果码类型:$n=1$ 为字符型,$n=0$ 为数字型
ATQn	结果码控制:$n=1$ 为不返回结果码,$n=0$ 为返回结果码
查询指令	
AT＋CGSN	查询当前手机终端的 IMEI
AT＋CPIN?	查询 SIM 卡的在位情况
AT＋CIMI	查询当前 SIM 卡的 IMSI,需在插入 SIM 卡情况下发送
AT＋ICCID	查询当前 SIM 卡的 ICCID 号
AT＋CCSQ	查询当前网络信号的质量
AT＋COPS?	查询当前网络运营商
AT＋CGPADDR	查询模块当前 IP 地址
AT＋PSRAT	查询当前网络类型
设置指令	
AT＋CMGF=n	设置 SMS 格式
AT＋MODODR	设置当前网络模式
AT^SYSINFO	设置系统当前服务状态

注:更多指令请查询 AT 指令手册。

4. 移动终端测试软件(串口调试软件)

在主控屏上选择“串口调试”软件,打开后界面如图 9-4 所示。该软件不需要进行配置(已默认配置为 115200-8-1),可直接与移动模块进行指令的交互。

串口调试软件功能说明如下。

(1) 指令发送区:在此输入 AT 指令。

(2) 信息返回区:发送 AT 指令后,模块的返回信息设置。

(3) 可选项:勾选“发送新行”,相当于在 AT 指令结尾加 16 进制数据“0D0A”;勾选“16 进制发送”,在指令发送区输入的不再是字符,而是 16 进制数据。

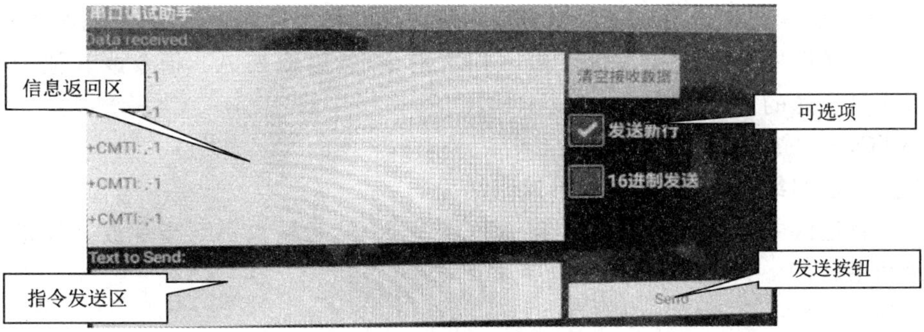

图 9-4 移动终端测试软件

(4) 发送按钮：将指令发送区的信息发送到模块，具体的发送内容与是否勾选“发送新行”及“16 进制发送”有关。

注意：各个功能区可通过触屏进行操作，但是在输入 AT 指令时，建议通过键盘进行操作。

四、实验步骤

1. 实验准备

1) 实验模块检查

将 4G 终端测试与协议分析模块放置在实验箱上，将 SIM 卡(需要用 Micro 规格 SIM 卡)按照正确方向放置在 SIM 卡插槽内。

2) 加电

打开系统电源开关，在主控单元上点击“手机模块”和“安卓手机”，为模块加电。模块左上角电源指示灯亮起，说明模块加电正常；模块 SINK 指示灯开始闪烁，说明模块开始工作。

3) 功能测试

在右侧 USB 接口插上键盘，打开配套的 AT 指令测试 APP，发送 AT 测试指令，观察是否返回“OK”，若没有正常返回，需检查原因。

2. 基础指令测试

在测试发送指令时，若不做特殊说明，均需勾选“发送新行”选项。

1) AT——测试指令

AT 指令为测试指令，成功则返回“OK”。

在指令发送区中输入 AT 指令，查看并记录返回结果。

2) ATV*n*——返回状态显示格式

ATV0 为数字模式，此时返回的结果码用数字表示；ATV1 为字符模式，此时返回的结果码用字符串表示。

在指令发送区中分别输入 ATV0 和 ATV1 指令，然后输入 AT 指令，查看返回结果的格式。

3) ATE*n*——返回状态显示格式

ATE0 为关闭输入指令回显，此时不返回发送的指令，只返回结果码；ATE1 为打开输入指令回显，模块执行该条指令之后先将接收到的 AT 指令返回显示，再返回结果码。

在指令发送区中分别输入 ATE0 和 ATE1 指令，然后输入 AT 指令或其他指令，查看返回是否携带发送的 AT 指令。

4）ATQ*n*——返回状态显示格式

ATQ0 为返回结果码，ATQ1 为不返回结果码。

在指令发送区中分别输入 ATQ0 和 ATQ1 指令，然后输入 AT 指令或其他指令，查看是否返回结果码。

5）填表

将上述测试结果填入表 9-5 中。

表 9-5　基础指令测试记录表

指令类型	测试指令	返回信息或测试结果说明
AT	AT	
ATV*n*	ATV0	
	ATV1	
ATE*n*	ATE0	
	ATE1	
ATQ*n*	ATQ0	
	ATQ1	

3. 查询指令测试

1）AT+CGSN

AT+CGSN 为查询产品识别码(IMEI)。

在指令发送区中输入 AT+CGSN 指令，查看并记录返回的产品识别码 IMEI。

2）AT+CPIN?

AT+CPIN? 为查询 SIM 卡的在位情况。

SIM 卡卡槽已插卡的状态下，在指令发送区中输入 AT+CPIN? 指令，查看并记录返回的 SIM 卡在位情况；SIM 卡卡槽未插卡的状态下，再次输入命令，测试并记录返回信息。

注：在插拔卡槽中 SIM 卡时，需首先关闭电源。

3）AT+CIMI

AT+CIMI 为查询 SIM 卡的 IMSI 号，此命令需要插入 SIM 卡才有效。

已插入 SIM 卡的状态下，在指令发送区中输入 AT+CIMI，查看并记录返回的 IMSI 号。

4）AT+ICCID

AT+ICCID 为查询 SIM 卡的 ICCID 号。

已插入 SIM 卡的状态下，在指令发送区中输入 AT+ICCID，查看并记录返回的 ICCID 号。

5）AT＋CCSQ

AT＋CCSQ 为查询模块当前信号强度。

在指令发送区中输入 AT＋CCSQ，查看并记录返回的 CCSQ 值。

6）AT＋COPS?

AT＋COPS? 为查询当前网络运营商。

已插入 SIM 卡的状态下，在指令发送区中输入 AT＋COPS?，查看当前网络运营商。

7）AT＋PSRAT

AT＋PSRAT 为查询当前网络类型。

8）填表

将上述测试结果填入表 9-6 中。

表 9-6 查询指令测试记录表

测试指令	状 态	返回信息或测试结果说明
AT＋CGSN	—	
AT＋CPIN?	插卡前测试	
	插卡后测试	
AT＋CIMI	插卡后测试	
AT＋ICCID	插卡后测试	
AT＋CCSQ	—	
AT＋COPS?	插卡后测试	
AT＋PSRAT	插卡后测试	

4. 扩展命令测试

查询配套的《4G 模块 AT 指令手册》，了解更多 AT 指令，尝试测试不同 AT 指令的功能。

五、实验报告要求

写出配置 4G 模块常用的 AT 指令及指令的含义，并记录实验的测试结果。

实验九 4G 模块呼叫实验

一、实验目的

(1) 了解 4G 模块语音呼叫的过程。

(2) 熟悉用本移动实验箱作为主叫和被叫用户进行语音呼叫。

(3) 熟悉 4G 模块进行语音呼叫的 AT 指令。

二、实验器材

(1) 4G 移动通信模块 1 块。

(2) PC/安卓开发板+配套 AT 测试软件 1 套。

三、实验原理

1. 4G 模块主叫及被叫原理

实验中配置的 4G 模块包含 2G/3G/4G 频段,在使用时模块可以对应进入不同的模式。例如,在进行语音通信时,由于 4G 网络不具备语音通信的功能,模块会切换到 2G 或 3G 网络,上网时则优先切换到 4G 网络中。本节主要介绍模块如何通过 AT 指令的方式实现语音通信。

用户呼叫管理是移动通信系统的基本功能之一。它的主要目标是发送和建立一个移动用户向另一个用户(固定的或移动的)的呼叫,或者从一个移动或固定用户呼叫另一个移动用户。主叫和被叫可以在一个网络中,也可以不在一个网络中。

2. 呼叫的各个流程

呼叫可以分为多种情况,如正常呼叫流程中包含主叫呼叫、被叫呼叫,另外还有多种异常呼叫流程,如被叫忙、被叫空号、被叫无应答、被叫拒绝等。实验时要结合不同的呼叫情况分别进行实验,了解语音呼叫过程中不同的情况:

(1) 模块作为主叫,正常呼叫流程;

(2) 模块作为被叫,正常呼叫流程;

(3) 模块作为主叫,对方忙流程;

(4) 模块作为主叫,对方空号流程;

(5) 模块作为主叫,对方无应答流程;

(6) 模块作为主叫,对方拒绝流程。

3. 通过 AT 指令控制模块进行主叫及被叫

4G 模块支持用户用 AT 指令进行语音呼叫,发送 AT 指令的方式参考实验八。当然也可以通过 PC 的 USB 串口发出 AT 指令来控制移动实验箱上的 GSM 模块进行语音呼叫。

进行语音呼叫的 AT 指令见表 9-7。

表 9-7 语音呼叫的 AT 指令

AT 指令	说明
ATD*nnn*;	拨号,*nnn* 为电话号码(注意结尾有分号)
ATDL;	重拨上次的号码(注意结尾有分号)
ATH	断开连接,包括语音和数据
AT+CHUP	挂机

续表

AT 指令	说 明
AT+DHUP	挂机，带含代码的挂机指令，可指示挂机原因
ATA	接电话
AT+VTS=n	发送双音多频(DTMF)
AT+CLIP=n	n=1 为打开来电显示，n=0 为关闭来电显示
NO CARRIER	信号质量不佳

实验中可能会出现一些异常情况，这时需查看返回的代码进行分析。

四、实验步骤

1. 实验准备

1）实验模块检查

将 4G 终端测试与协议分析模块放置在实验箱上，将 SIM 卡(需要用 Micro 规格 SIM 卡)按照正确方向放置在 SIM 卡插槽内。

2）加电

打开系统电源开关，在主控单元上点击“手机模块”和“安卓手机”，为模块加电。模块左上角电源指示灯亮起，说明模块加电正常；模块 SINK 指示灯开始闪烁，说明模块开始工作。

3）功能测试

在右侧 USB 接口插上键盘，打开配套的 AT 指令测试 APP，发送 AT 测试指令，观察是否返回“OK”，若没有正常返回，请检查原因。

2. 主叫正常呼叫流程

在测试发送指令时，若不做特殊说明，均需勾选“发送新行”选项。

1）AT 指令完成语音呼叫

在指令发送区中输入 ATD*nnn*；(*nnn* 为被叫电话号码，后面有分号)，并发送。

观察信息返回区，记录整个呼叫过程的信息流程，并查询具体含义。

2）呼叫挂断

在指令发送区中输入 AT+CHUP，挂断通话，结束通话流程。

3）填表

将上述测试结果填入表 9-8 中。

表 9-8 主叫正常呼叫测试记录表

测试命令	返 回	含义解析
ATD*nnn*；		

续表

测试命令	返　回	含义解析
AT+CHUP		

3. 被叫正常呼叫流程

1）被叫呼叫流程

使用另外一个手机呼叫该模块，等待呼叫接入。

观察信息返回区，待返回“^DSCI:16,1,4,0,185xxxxxxxx,0”后，在指令发送区中输入接听命令 ATA。

2）呼叫挂断

对方挂断，观察信息返回区的返回信息。

3）填表

将上述测试结果填入表 9-9 中。

表 9-9　被叫正常呼叫测试记录表

测试命令	返　回	含义解析
被叫等待		
ATA		
呼叫挂断		

4. 异常呼叫流程

1）被叫忙流程

选择拨打一个正在通话中的号码。在指令发送区中输入 ATD*nnn*;，勾选“添加回车”，点击“发送 AT 指令”。

观察信息返回区，记录整个呼叫过程的信息流程，并查询具体含义。

2）被叫空号流程

选择拨打一个空号号码(如“11112222”)。在指令发送区中输入 ATD*nnn*;，选勾“添加回车”，点击“发送 AT 指令”。

观察信息返回区，记录整个呼叫过程的信息流程，并查询具体含义。

3）被叫无应答流程

选择拨打一个号码，拨通后不要接起。在指令发送区中输入 ATD*nnn*;，选勾“添加回车”，点击“发送 AT 指令”。

观察信息返回区，记录整个呼叫过程的信息流程，并查询具体含义。

4）被叫拒绝流程

选择拨打一个号码，拨通后，对方挂断。在指令发送区中输入 ATD*nnn*;，选勾“添加回车”，点击“发送 AT 指令”。

观察信息返回区，记录整个呼叫过程的信息流程，并查询具体含义。

5）填表

将上述测试结果填入表 9-10 中。

表 9-10　异常呼叫测试记录表

测试命令	返　回	含义解析
被叫忙状态		
被叫空号状态		
被叫无应答状态		
被叫拒绝状态		

5. 扩展实验内容

日常生活中拨打服务号码时，如“10086”，常常会听到“如需 xx 请拨 x 号键”，这是怎么实现的呢？其实这是通过发送一段不同频率组合的声音来实现的。下面通过实验学习 DTMF 发送原理。

按照上述方法，正常拨通一个号码后，通过 AT 指令发送 AT＋VTS＝*n*（*n* 为“0－9，＃，＊，A，B，C，D”），用对方听筒听声音，听 *n* 取不同值时声音是否相同。

五、实验报告要求

（1）简述移动实验箱作为主叫和被叫时语音呼叫的过程。

（2）总结模块发送和接收呼叫的基本 AT 指令及指令的含义。

实验十　4G 模块设备短消息收发实验

一、实验目的

（1）了解移动网络中短消息业务的组成结构。
（2）了解移动网络中短消息收发的过程。
（3）熟悉不同类型短消息的数据格式。
（4）熟悉 4G 模块进行短消息收发的 AT 指令。

二、实验器材

（1）4G 移动通信模块 1 块。
（2）PC/安卓开发板＋配套 AT 测试软件 1 套。

三、实验原理

1. 短消息业务介绍

短消息业务(short messaging service，SMS)是当前流行的一种消息技术，它在网络中不要求建立端-端业务路径，是非对称的业务。移动电话之间通过短消息业务可以相互收发短消息，短消息的内容可以是文本、数字或二进制非文本数据，短消息的长度被限定在 140 字节之内。消息的传输总是由短消息服务中心(SMSC)进行中继，只与用户和 SMSC 有关，与其他基础设施无关。

SMS 有两大突出优点：

（1）存储转发机制。SMS 传送数据包的工作由移动网络中的短消息中心而不是终端用户来完成，如果用户不在服务区内，短消息就被存储在短消息中心，等用户出现之后再转发给他，这是语音通话、数据等业务所不具备的。

（2）传递确认机制。在电路交换数据环境中，连接是端到端的，所以用户能够知道连接完成情况以及数据传递情况。但在数据网络环境中，附属于数据网络承载体的终端是“永远在线”的，它随时准备透明地(相对于用户而言)传送或接收数据，这样一来，检查数据包是否发送成功的任务就落到了用户头上，每一次分组数据业务相应的成本也会比 SMS 高。

短消息业务包括点对点短消息业务和小区广播短消息业务。点对点短消息业务是指将一条消息从一个实体发送到指定目的地址的业务，小区广播短消息业务是指通过基站向指定区域内的所有用户发送短消息的业务。

2. 短消息编码类型

点对点收发短消息分为 3 种模式：TEXT 模式、BLOCK 模式和 PDU 模式。TEXT 模式发送短消息开发起来相对容易，是一种不错的选择。使用 TEXT 模式发送，需要对发送的中文践行 Unicode 编码。BLOCK 模式应用很少，逐渐被 PDU 模式代替。PDU 模式开发起来比较复杂，并且需要编写专门的函数文件转换为 PDU 格式。PDU 模式收发短消息可以使用 3 种编码，即 7-bit 编码、8-bit 编码和 UCS2 编码。7-bit 编码用于发送普通的 ASCII 字符，8-bit 编码用于发送数据消息，UCS2 编码用于发送 Unicode 字符。要实现中文短消息的发送，需选择 UCS2，即中文 Unicode 码。接收到的 PDU 串不仅包含消息，还包含发送者的信息、SMS 服务中心、时间标志等。这些都是 8 位字节的 16 进制数，或者半 8 位字节的十进制数。

3. TEXT 模式发送短消息

4G 移动通信模块支持用 TEXT 模式发送短消息，通过不同的编码类型，可以发送中文或英文短消息。

在发送时，选择的 TE 字符集非常重要，本模块包含 3 种 TE 字符集，可以通过 AT+CSCS="*nnn*"指令设置，如"GSM""UCS2""IRA"。一旦选择好对应字符集，发送过程中涉及的发送号码、发送内容都需要进行对应地转换。下面结合发送短消息过程中不同字符对应的内容，理解不同字符集的含义，见表 9-11。

表 9-11 AT 短消息指令说明

字符内容	66418	Hello	你 好
GSM	66418	Hello	
UCS2	00360036003400310038	00680065006C006C006F	4F60597D
IRA	66418	Hello	

4. PDU 编码及发送短消息流程

发送的 PDU 编码大致包含以下字段："短消息中心长度"+"短消息中心国家编码"+"短消息中心"+"状态报告"+"分隔符"+"目标号码的长度(14 位)"+"国家编码"+"目标号码"+"TP-PID. 协议标识"+"短消息内容编码格式"+"有效期标志"+"短消息内容长度"+"短消息内容"。PDU 编码可以使用默认的短消息中心，那么就不需要"短消息中心国家编码"和"短消息中心"，此时 PDU 编码的第一个字段为"00"，表示默认短消息中心。

5. 短消息业务常用 AT 指令介绍

本实验收发短消息用到的 AT 指令见表 9-12。

表 9-12 常用 AT 指令

AT 指令	说 明
AT+CSCS="*nnn*"	设置 TE 字符集，可选"GSM""UCS2""IRA"
AT+CSMS	选择短消息服务
AT+CSMP	设置短消息文本参数
AT+CPMS="*nn*"	设置存储区："*nn*"=SM 时选择 SIM 卡，"*nn*"=ME 时选择机身
AT+CNMI=*a*,*b*,*c*,*d*,*e*	新消息提示，实验中设置为 1,1,0,0,1

续表

AT 指令	说　明
AT+CMGF=n	设置短消息收发方式：n=1 为 TEXT 模式，n=0 为 PDU 模式
AT+CMGS="$nnnn$"	TEXT 模式发送短信，$nnnn$ 为电话号码
AT+CMGR=n	读取当前存储区的第 n 条短消息
AT+CMGD=n	删除当前存储区的第 n 条短消息

四、实验步骤

1. 实验准备

1）实验模块检查

将 4G 终端测试与协议分析模块放置在实验箱上，将 SIM 卡（需要用 Micro 规格 SIM 卡）按照正确方向放置在 SIM 卡插槽内。

2）加电

打开系统电源开关，在主控单元上点击“手机模块”和“安卓手机”，为模块加电。模块左上角电源指示灯亮起，说明模块加电正常；模块 SINK 指示灯开始闪烁，说明模块开始工作。

3）功能测试

在右侧 USB 接口插上键盘，打开配套的 AT 指令测试 APP，发送 AT 测试指令，观察是否返回“OK”，若没有正常返回，请检查原因。

2. 用 TEXT 模式发送英文短消息

下面以向号码“66418”发送“Hello”为例介绍实验过程。

1）选择短消息业务能力

输入：AT+CSMS=1<CR>

返回：记录返回数据

2）设置发送短消息为 TEXT 模式

输入：AT+CMGF=1<CR>

返回：记录返回数据

3）设置数据编码

输入：AT+CSMP=,,,0<CR>

返回：记录返回数据

4）设置 TE 字符集为 IRA 编码

输入：AT+CSCS="IRA"<CR>

返回：记录返回数据

5）短消息发送过程

输入：AT+CMGS="66418"<CR>//接收短消息号码

返回：>

输入：Hello　　　　//不加回车

输入:1A　　　　　　　　　　//选择16进制

返回:+CMGS:6

返回:OK

6) 填表

按照上述方式进行实验,并把返回结果记录在表9-13中。

表9-13　英文短消息测试记录表

测试指令	返　回

3. 用TEXT模式发送中文短消息

下面以向号码"66418"发送"你好"为例介绍实验过程。

1) 选择短消息业务能力

输入:AT+CSMS=1<CR>

返回:记录返回数据

2) 设置发送短消息为TEXT模式

输入:AT+CMGF=1<CR>

返回:记录返回数据

3) 设置数据编码

输入:AT+CSMP=,,,0<CR>

返回:记录返回数据

4) 设置TE字符集为UCS2编码

输入:AT+CSCS="UCS2"<CR>

返回:记录返回数据

5) 短消息发送过程

(1) 对"你好"进行Unicode编码,结果为4F60597D。

(2) 设置短消息发送目的地址:先进行格式转换,然后带双引号,目的地址为"66418",号码转换后为"0036003600340031003 8"。

短消息发送过程如下。

输入:AT+CMGS="00360036003400310038"<CR>　　　　//接收短消息号码

返回：>

输入：4F60597D　　　　　　//“你好”的 Unicode 编码，不加回车

输入：1A　　　　　　　　　//选择十六进制

返回：+CMGS：6

返回：OK

6）填表

按照上述方式进行实验，并把返回结果记录在表 9-14 中。

表 9-14　中文短消息测试记录表

测试指令	返　回

4. 用 TEXT 模式接收短消息

1）设置短消息存储区域

短消息可存储在 SIM 卡上，也可存储在模块上，SM 表示存储区域为 SIM 卡，ME 表示存储区域为模块本身。

输入：AT+CPMS="ME","ME","ME"<CR>　//设置存储

返回：OK

2）设置短消息到达时发送提示信息

设置短消息到达时模块发送提示信息，提示信息指明存储区域和序号，以便于读取接收到的短消息内容。

输入：AT+CNMI=1,1,0,0,1<CR>　　　　　//设置上报提示

返回：OK

3）设置 TE 字符集为 GSM 编码

输入：AT+CMGF=1<CR>

返回：OK

输入：AT+CSCS="GSM"<CR>

返回：OK

4）模块接收短消息

使用另外一手机向模块发送信息，当模块收到短消息时，消息窗口会显示提示信息，

如＋CMTI:"SM",8。其中,"SM"表示短消息存储在SIM卡的存储区中,8表示这是存储区中接收到第8条短消息。

5）读取短消息

输入:AT＋CMGR＝8　　　　　//读取第8条短信

输出:＋CMGR:"REC READ","66418",,"18/03/08,15:20:55＋02"

00680065006C006C006F

OK

其中,“00680065006C006C006F”为“Hello”的Unicode编码。

6）填表

按照上述方式进行实验,并把返回结果记录在表9-15中。

表9-15　接收短消息测试记录表

测试命令	返　回

5. 用PDU格式发送短消息

1）编码

以向号码“13712346418”发送“你好”为例,下面确定基本信息。

(1)“短消息中心国家编码”＋“南京地区的短消息中心”为“8613800250500”,转换为“683108200505F0”,字节长度为“08”,SMSC格式为“91”,编码后数据为“08 91 683108200505F0”。

注:其他地区的短消息中心号码请自行查询。

(2) 添加发送内容格式“81”。

(3) 添加标识符“00”。

(4)“国家编码”＋“目标号码”为“8613712346418”,结尾加“F”,奇偶翻转得到“683117326414F8”,字符长度为“14”(16进制0D),SMSC格式为“91”,编码后数据为“0D 91 683117326414F8”。

(5) 添加PID协议标示“00”(一般为“00”)。

(6)“短消息内容编码方式”为“19”。

(7)“有效期标志”为“04”。

(8)“你好”的编码内容为“4F60597D”。

将解析后的数据集合起来得到：

08 91 683108200505F0 8100 0D 91 683117326414F8 001904 4F60597D

短消息中心　　发送号码　　内容:“你好”

2）设置发送短消息为 PDU 模式

输入:AT+CMGF=0<CR>

输出:OK

3）设置 TE 字符集为 UCS2 编码

输入:AT+CSCS="UCS2"<CR>

返回:OK

4）短消息发送过程

输入:AT+CMGS="18"<CR>　　//发送内容长度

返回:>

输入:0891683108200505F081000D91683117326414F80019044F60597D　　//不加回车

输入:1A　　//选择 16 进制

返回:+CMGS:7

返回:OK

5）不含短消息中心的短消息发送过程

现在 SIM 卡都有默认的短消息中心，在发送 PDU 编码数据时，短消息中心内容可以省掉，用 00 取代，即“(0891683108200505F0)81000D91683117326414F80019044F60597D”括号部分用 00 代替，得到“0081000D91683117326414F80019044F60597D”。

短消息发送过程也可如下。

输入:AT+CMGS=18<CR>　　//发送内容长度

返回:>

输入:0081000D91683117326414F80019044F60597D//不加回车

输入:1A　　//选择 16 进制

返回:+CMGS:7

返回:OK

6）填表

按照上述方式进行实验，并把返回结果记录在表 9-16 中。

表 9-16　PDU 格式发送短消息测试记录表

测试命令	返　回

续表

测试命令	返 回

6. 用 PDU 格式接收短消息

1）设置短消息存储区域

短消息可存储在 SIM 卡上，也可存储在模块上，SM 表示存储区域为 SIM 卡，ME 表示存储区域为 GSM 模块本身。

输入：AT＋CPMS＝"ME""ME""ME"<CR> //设置存储

返回：OK

2）设置短消息到达时发送提示信息

设置短消息到达时模块发送提示信息，提示信息指明存储区域和序号，以便于读取接收到的短消息内容。

输入：AT＋CNMI＝1,1,0,0,1<CR> //设置上报提示

返回：OK

3）设置接收短消息为 PDU 模式

输入：AT＋CMGF＝0<CR>

返回：OK

4）模块接收短消息

使用另外一手机向模块发送信息，当模块收到短消息时，消息窗口会显示提示信息，如＋CMTI："SM",25。其中，"SM"表示短消息存储在 SIM 卡的存储区中，25 表示这是存储区中接收到第 25 条短消息。

5）读取短消息

输入：AT＋CMGR＝25 //读取第 25 条短信

输出：＋CMGR：0,,30

输出结果为“0891683108200545F12405A16614F8000871308041739223OE00680065006C006C006F4F60597D”。

按照 PDU 编译码规则（表 9-17）进行编译码，或者使用配套软件在“PDU 解码”窗口译码。

表 9-17 PDU 编译码规则

序 号	字 符	含 义
1	08	SMSC 地址信息的长度（91683108200545F1，共 8 字节）
2	91	SMSC 地址格式，短消息中心有国家编码

续表

序　号	字　符	含　义
3	683108200545F1	SMSC 地址，转换后为“86138000250451”
4	24	收取的短消息类型
5	05	对方号码长度
6	A1	号码类型，短号
7	6614F8	发送方号码，转换后为“66418”
8	00	TP-PID. 协议标识
9	08	短消息内容为 UCS2 编码
10	713080	日　期
11	417392	时　间
12	23	时区：东八区
13	0E	短消息长度
14	00680065006C006C006F4F60597D	短消息内容：“你好”

7. 删除短消息

1）删除

下面以删除序号为“25”的短消息为例介绍实验过程。

输入：AT+CMGD=25　　　　　　//25 为短信序号

输出：OK

2）检查

删除后尝试再去读取序号为“25”的短消息。

输入：AT+CMGR=25

输出：+CMS ERROR：321　　　　//返回错误

五、实验报告要求

（1）简述移动实验箱收发短消息的过程。

（2）写出发送和接收短消息的基本 AT 指令及指令的含义。

（3）写出 PDU 模式下短消息数据的各段含义。

第三篇

现代交换原理实验

第十章
系统模块单元实验

实验平台采用 RZ8683A 型现代交换技术(含软交换)实验箱,如图 10-1 所示。产品特点如下:

(1) 以实际商用 NGN 交换网络为框架,整个系统将硬交换、软交换设备融为一体,通过更换交换模块完成相应的软交换或硬交换实验。

(2) 系统主要由现代交换技术实训平台、软交换中心、网络交换机、SIP 协议采集器、VOIP 话机、计算机等组成。整个系统既能满足学生进行交换技术的原理实验和开发实验,又能完成 NGN 交换网络实训。

(3) 交换单元设计成插拔式模块,配有空分交换模块、MT8980 时分交换模块、DSP 时分交换模块、CPLD 时分交换模块、软交换模块。交换单元完全开放,二次开发时不需要仿真器,只要在对应处理器的编译环境下编程,生成目标文件即可通过 USB 在线调试、下载开发的交换程序。

(4) 配有生动形象的时隙搬移、时分复用、时分交换示教软件,示教软件的配置参数能通过 USB 接口实时下载,时隙配置图既能用示波器观测,也能在 PC 上对应显示,时隙搬移与交换的效果可在实验平台上实时验证。

(5) 局间七号信令数据可通过 USB 接口采集至 PC,且 PC 配备七号信令分析软件,能完成现代交换技术中有关七号信令的相关实验。

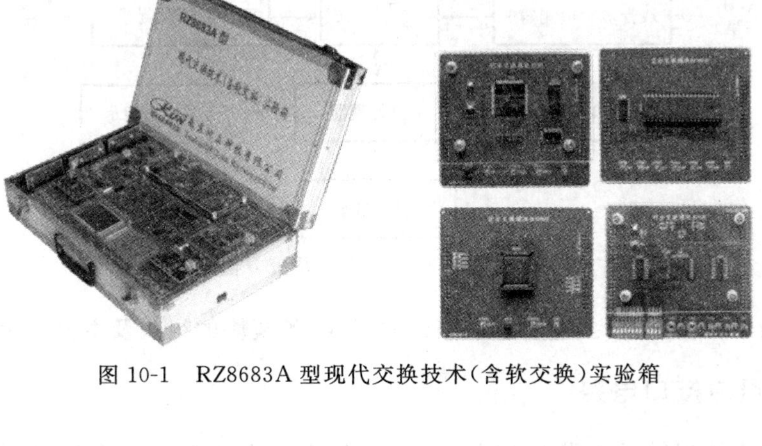

图 10-1　RZ8683A 型现代交换技术(含软交换)实验箱

实验一　程控交换系统组成与结构

一、实验目的

了解程控交换系统的组成与结构，为后面的实验打下基础。

二、实验器材

(1) 小电话单机 2 部。
(2) 现代交换技术实验箱 1 台。
(3) 示波器 1 台。

三、实验原理

程控交换实验系统方框图如图 10-2 所示。

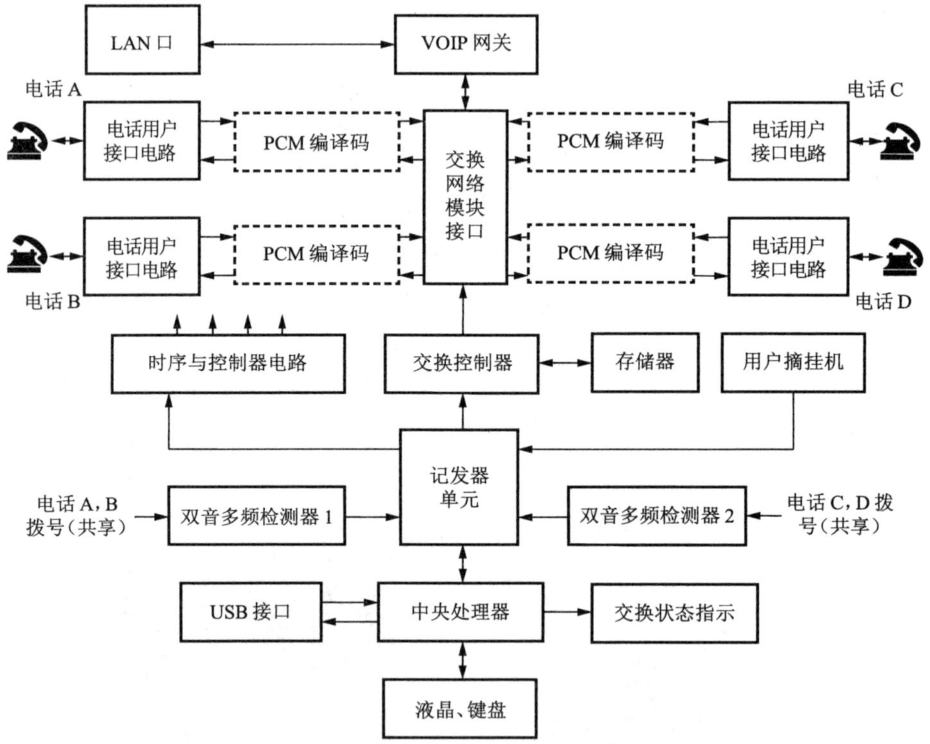

图 10-2　程控交换实验系统方框图

程控交换系统由 11 个主要功能电路模块组成，各模块的组成及主要作用如下。

1. 电话用户接口电路

程控交换系统提供了 4 路电话用户接口电路，其中电话 B 和电话 D 设计成可插拔的模块结构。电话用户接口电路使用的主芯片为 PBL38710，可实现馈电(B)、二/四线变换(H)，摘挂机检测(S)和铃流驱动(R)等功能。另外，电话用户接口电路对发送信号可进行放大、衰减调节。4 路电话的呼叫号码分别为“48”“49”“68”“69”。

2. 编译码和滤波器

编译码和滤波器使用的主芯片为 TP3057，主要实现单路语音的滤波、PCM 编译码功能。

3. 双音多频(DTMF)检测电路

双音多频检测电路使用的主芯片为 MT8870，DTMF 接收器先经高、低群带通滤波器进行 f_L/f_H(f_L 为低频组，f_H 为高频组)区分，然后经过零检测、比较，得到对应于 DTMF 的两路 f_L，f_H信号输出。这两路信号经译码、锁存、缓冲，恢复成对应于 16 种 DTMF 信号的 4 位二进制码(D1～D4)，再送给记发器进行号码识别以便控制交换网络，接通被叫用户话路。电话 A，B 共享一路 DTMF 检测器，电话 C，D 共享另一路 DTMF 检测器。

4. 信令处理器和记发器电路(中央处理器)

信令处理器和记发器电路由 UB01(STM32f103 单片机)及外围电路构成，在系统软件的作用下，完成键盘扫描和液晶显示、工作状态指示、计算机数据接收、对话机状态监视、信号音及铃流输出控制、电话号码识别、交换命令发送等功能。具体叙述如下：

(1) 用户状态检测电路：接收各个电话用户接口电路输出的用户状态检测信号 DETX(X 是话路的序号，可以是 A，B，C，D)，例如 DETA 表示第一话路的用户状态检测信号，信号直接送入 CPU 的 PE 口，以识别主、被叫用户的摘挂机状态。

(2) 电话用户信令音控制电路：主要由单片机 UB01 及电子开关 CD4066 组成，在单片机 UB01 的作用下，分别分时地将 CPLD 可编程逻辑器件(EPM240)产生的拨号音、忙音、回铃音等 3 种信号通过电子开关 CD4066 送入主叫用户。

(3) 铃流控制电路：自动交换时，在单片机 UB01 作用下，EPM240 输出铃流音信号(RING)，由 PBL38710 提升铃流信号电压，使其有效值达到 75 V 左右，送往电话机。

(4) DTMF 接收控制电路：当 MT8870 收到电话号码后，发出使能信号向单片机 UB01 申请中断，同时将译码的电话号码数据(DTMFD1～4)输送给单片机 UB01 进行处理。

5. 时序与控制器电路

时序与控制器电路主要由 EPM240 及外围电路构成，它产生并输出下列信号：

(1) 500 Hz 连续信号，即拨号音信号；

(2) 忙音脉冲，即 0.35 s 通、0.35 s 断的周期信号；

(3) 回铃音脉冲，即 1 s 通、4 s 断的周期信号；

(4) 25 Hz 周期信号，即振铃信号；

(5) PCM 编译码器的时序、时钟信号；

(6) 各接口电路间的控制片选信号。

6. 交换网络控制器

交换网络控制器主要由单片机 U103 和片外存储器 U109 构成，完成交换网络模块的交换控制工作。片外存储器 U109 可下载存储二次开发程序。

7. 交换网络模块

(1) 人工交换：各电话用户发送、接收端信号通过铜铆孔开放出来，可通过手动连线完成电话信息的交换工作。

(2) 空分交换网络：主要由 MT8816 芯片构成，完成空分路由选通。

(3) 数字时分程控交换网络：分别由 MT8980，CPLD，DSP 等芯片构成 3 种不同实现方式的时分交换模块。

(4) VOIP 网关，支持 SIP 协议标准，支持 G. 729，G. 726，G. 723，G. 711（μ-LAW/A-LAW）的语音编码，支持号码设定、来电显示、音量调节、回音抑制、T. 38 传真，支持转接、热线、免打扰、闹铃、号码簿等功能。

(5) 除人工交换外，其他交换方式的实验需通过更换相应的实验模块来完成。

8. 液晶、键盘

液晶、键盘由字符型液晶和薄膜键盘电路组成，它们共同完成交换功能设置和对话路交换状态的同步显示、话路时隙分配设置等功能。

9. 电源供给

电源供给可提供－12 V，＋5 V，＋12 V，－48 V，－5 V，－24 V，＋3.3 V 等直流电源。其中，前 4 组直流电源的通断通过平台左上角的发光二极管指示。

10. 接口电路

接口电路上包括时分中继接口、数字光纤通信接口和计算机通信接口，可分别完成数字时分局内通信、数字时分局间通信与计算机通信等功能。

11. LAN 接口

每个实验箱的 LAN 接口和软交换中心相连，在拨打 IP 电话时，LAN 接口通过网线和软交换中心交互 SIP 协议和 IP 包；LAN 接口也可和学生终端相连，配置 VOIP 网关 IP 地址等参数。

四、实验内容与步骤

1. 实验内容

(1) 熟悉本实验平台的组成与结构。

(2) 熟悉各组成模块的构成元器件及其作用。

2. 实验步骤

(1) 在关电情况下,交换网络接口插上空分 MT8816 交换模块。

(2) 打开实验箱右侧的总电源开关,电源输入电路加电,电源指示灯(左上角的 LED 发光二极管)亮。

(3) 按一下薄膜开关的复位键,系统复位一次,液晶显示"欢迎使用……"。

(4) 按开始键,进入菜单的主要工作状态选择,有"人工交换""空分 MT8816"等多种工作方式。具体设置说明参见实验五。

(5) 选择空分交换方式"空分 MT8816",空分指示灯亮。

(6) 分别给电话 A,B 接上电话单机,正常呼叫。注意液晶显示及其他一些指示灯的变化,熟悉信令程控交换与语音信号通信交换的全过程。

注:本实验平台上的跳线开关 K301,K501 默认设置:跳线 1～2 脚连。

五、实验报告要求

根据对实验的初步认识,对系统结构方框图做简要叙述。

实验二 电话用户接口模块实验

一、实验目的

(1) 全面了解用户线接口电路功能(BORSCHT)的作用及其实现方法。

(2) 通过对用户模块电路 PBL38710 的学习与实验,进一步加深对 BORSCHT 功能的理解。

二、实验器材

(1) 小电话单机 2 部。

(2) 现代交换技术实验箱 1 台。

(3) 示波器 1 台。

三、实验原理

1. 基础原理介绍

电话用户接口电路也可称为用户线接口电路(subscriber line interface circuit,SLIC),任何交换机都具有用户线接口电路。根据用户电话机类型的不同,用户线接口电路(SLIC)分为模拟用户线接口电路和数字用户线接口电路两种。

模拟用户线接口电路在实现上的最大困难是电路需能承受馈电、铃流和外界干扰等高压大电流的冲击,过去都是采用晶体管、变压器(或混合线圈)、继电器等分立元器件构成,现在基于实现和应用上的考虑,通常将 BORSCHT 功能中过压保护由外接元器件完成,编解码器部分另单成一体，集成为编译码器（CODEC），其余功能由集成模拟 SLIC 完成。

在程控交换机中，向用户馈电、向用户振铃等功能都是在电路中实现的，馈电电压一般是－60 V，用户的馈电电流一般是 20～30 mA，铃流是 25 Hz，90 V 左右。在程控交换机中，由于交换网络处理的是数字信息，无法向用户馈电、振铃等，所以向用户馈电、振铃等任务由用户线接口电路承担完成，再加上其他一些要求，程控交换机中的用户线接口电路一般要具有馈电（B）、过压保护（O）、振铃控制（R）、监视（S）、编译码与滤波（C）、混合（H）、测试（T）等 7 项基本功能。图 10-3 为模拟用户线接口电路功能框图。

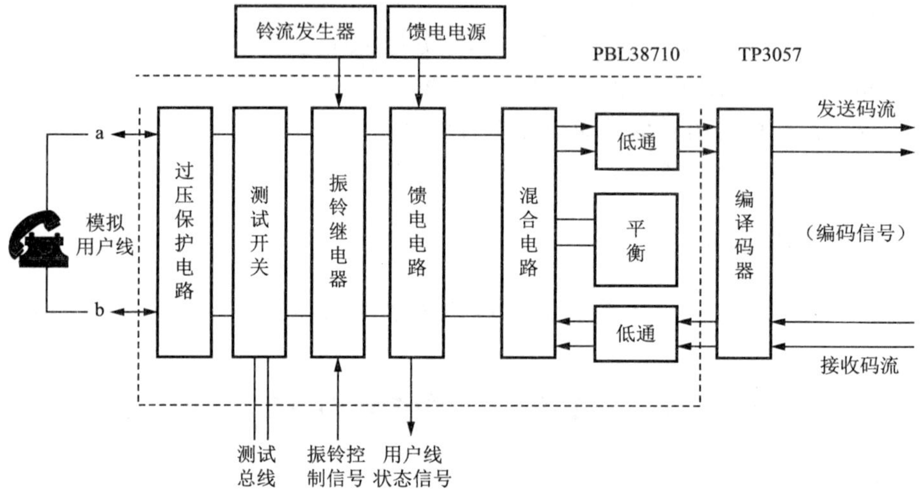

图 10-3　模拟用户线接口电路功能框图

模拟用户线接口电路的功能可以归纳为 BORSCHT 的 7 种功能，具体含义是：

（1）馈电（B，battery feeling）。向用户话机输送直流电流，通常要求馈电电压为－48 V 或－24 V，环路电流不小于 18 mA。

（2）过压保护（O，overvoltage protection）。防止过压过流冲击和损坏电路、设备。

（3）振铃控制（R，ringing control）。向用户话机馈送铃流，通常为 25 Hz，90 V 的正弦波。

（4）监视（S，supervision）。监视用户线的状态，检测话机摘机、挂机与拨号脉冲等信号，以便将其送往控制网络和交换网络。

（5）编译码与滤波（C，CODEC/filter）。在数字交换中完成模拟语音与数字码间的转换。通常采用 PCM 编码器（coder）与译码器（decoder）来完成，统称为 CODEC。相应的防混叠与平滑低通滤波器占有话路（300～3 400 Hz）带宽，编码速率为 64 kbit/s。本功能将在实验六中详细介绍。

（6）混合（H，hybird）。完成二线与四线的转换功能，即实现用户二线双向信号与四线单向信号之间的转换。过去这种功能由混合线圈实现，现在改为集成电路，因此称为混合电路。本功能将在实验八中详细介绍。

（7）测试（T，test），对用户线接口电路进行测试。

2. 用户线接口电路组成原理

在本实验系统中，用户线接口电路选用的是 PBL38710 集成电路。PBL38710 是二/四线混合用户线接口电路，它的双向传输衰耗均为－1 dB，供电电源为＋5 V 和－5 V。PBL38710 电路还将输入的铃流信号放大，以达到电话振铃工作的要求，即达到＋75 V 的有效值。

1）电路的基本特性

（1）向用户话机馈送铃流。

（2）向用户话机恒流馈电。

（3）过压过流保护。

（4）被叫用户摘机自截铃。

（5）摘挂机检测和 LED 显示。

（6）音频或脉冲拨号检测。

（7）振铃继电器驱动输出。

（8）语音信号的二/四线混合转换。

（9）话机识别。

（10）无须耦合变压器。

2）用户线接口电路的主要功能

图 10-4 是 PBL38710 内部电路方框图，图 10-5 是用户线接口电路原理图。图 10-5 中，1VT 为用户线接口电路发话端的铜铆孔接口，1VR 为用户线接口电路收话端的铜铆孔接口。在用户线接口电路收话端，从 1VR 过来的语音信号、拨号音（dial signal）、忙音（busy signal）和回铃音（echo signal）等信号在电子开关 U306（CD4066）的控制下分时接通。电子开关控制信号分别为 SELA0，SELA1，MFA 和 MFB，高电平时对应的信号接通，低电平时对应的信号断开。

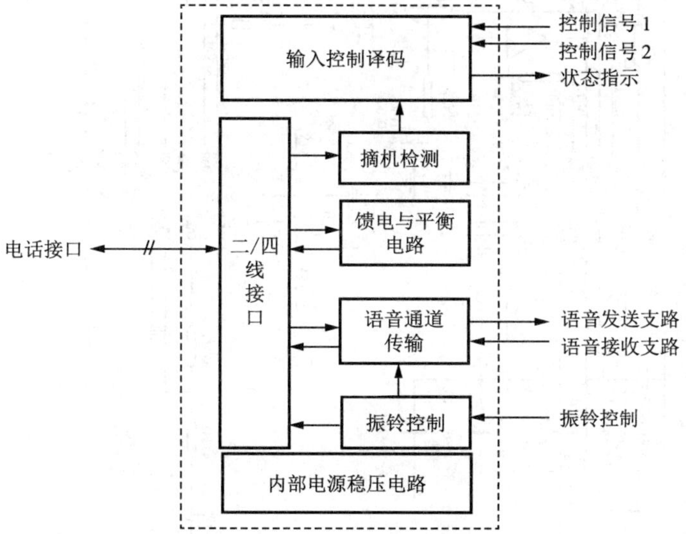

图 10-4　PBL38710 内部电路方框图

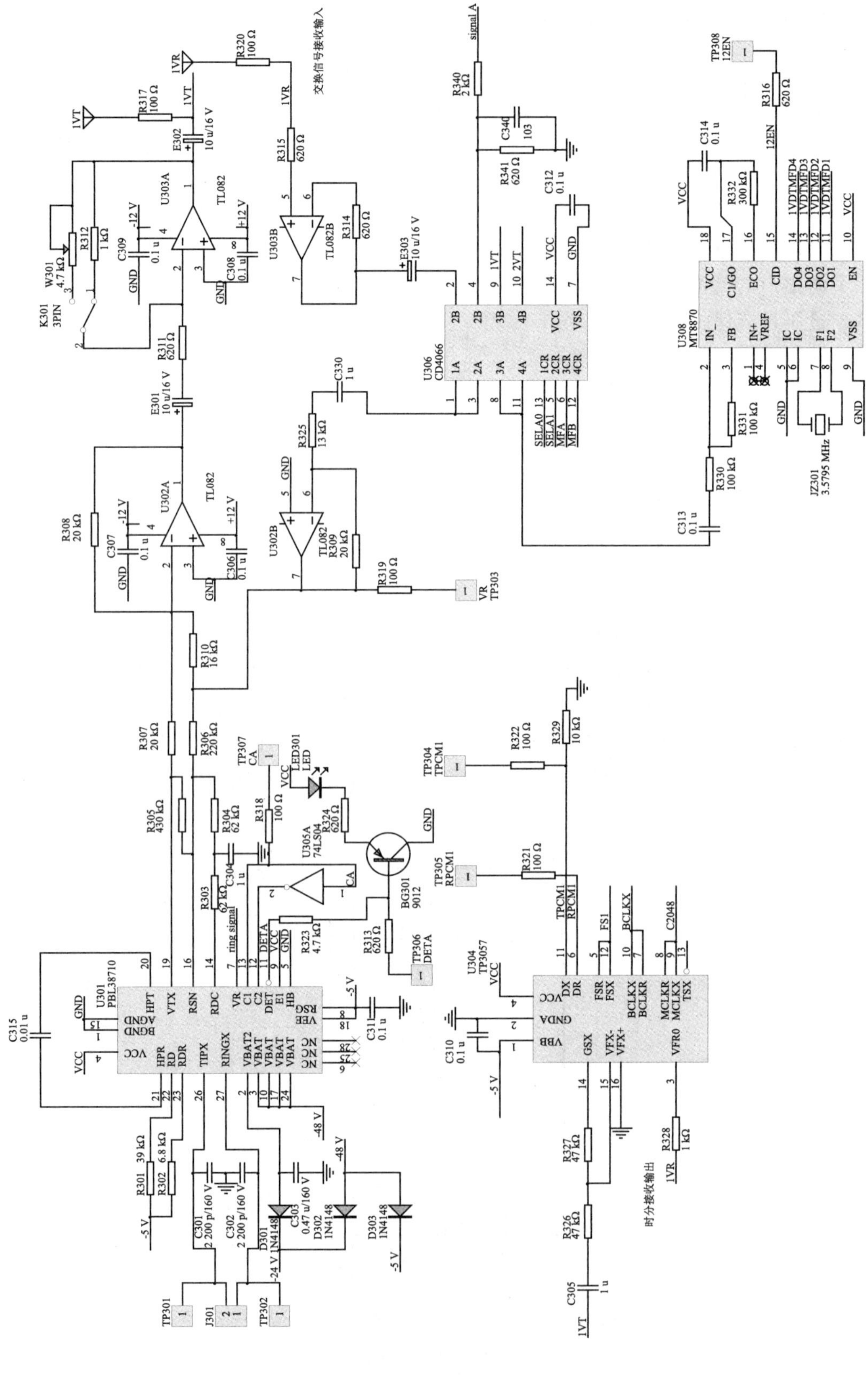

图 10-5　用户线接口电路原理图

(1) PBL38710 可对用户话机提供恒流馈电,馈电电流由 VBAT 以及 VDD 供给。当环路电阻为 2 kΩ 时,馈电电流为 18 mA。具体供电过程如下:

① 供电电源 VBAT 为−48 V。

② 在静态情况下(不振铃、不呼叫),−48 V 电源通过振铃继电器静合接点至话机。

③ 被叫方在振铃时,−48 V 电源通过振铃支路经振铃继电器动合接点至话机。

④ 用户挂机时,话机叉簧下压,馈电回路断开,回路无电流流过。

⑤ 用户摘机后,话机叉簧上升,接通馈电回路(在振铃时接通振铃支路)。

(2) PBL38710 内部具有过压保护的功能,可以抵抗 TIP-RING 端口的瞬时高压,若结合外部的热敏与压敏电阻保护电路,可抵抗 250 V 左右高压。

(3) 振铃电路可由外部的振铃继电器和用户线接口电路内部的继电器驱动电路以及铃流电源向用户馈送铃流:当继电器控制端(RC 端)输入高电平,继电器驱动输出端(RD 端)输出高电平时,振铃继电器接通,此时铃流源通过与振铃继电器连接的 15 端(RV 端)经 TIP-RING 端口向被叫用户馈送铃流。继电器控制端(RC 端)输入低电平或被叫用户摘机都可截除铃流。用户线接口电路内部提供一振铃继电器感应电压抑制钳位二极管。

(4) 监视用户线的状态变化即检测摘挂机信号,具体过程如下:

① 用户挂机时,用户状态检测输出端输出高电平,向 CPU 中央集中控制系统表示用户"闲"。

② 用户摘机时,用户状态检测输出端输出低电平,向 CPU 中央集中控制系统表示用户"忙"。

③ 若用户拨电话号码为脉冲拨号方式,该用户状态输出端送出拨号数字脉冲。回路断开时送出低电平,回路接通时送出高电平(本实验系统不选用脉冲拨号方式,只采用 DTMF 双音多频拨号方式)。

(5) 在 TIP-RING 端口传输的语音信号为对地平衡的双向语音信号,在四线 VR 端与 VX 端传输的信号为收发分开的不平衡语音信号。PBL38710 可以进行 TIP-RING 端口与四线 VR 端和 VX 端间语音信号的双向传输及二/四线混合转换。

(6) PBL38710 可以提供用户线短路保护:TIP 线与 RING 线间、TIP 线与地间、RING 线与地间发生长时间短路时器件都不会损坏。

(7) PBL38710 提供的双向语音信号的传输衰耗均为−40 dB。该传输衰耗可以通过 PBL38710 电路内部调整,也可通过外部电路调整。

(8) PBL38710 的四线端口可供语音信号编译码器或交换矩阵使用。

四、实验内容与步骤

1. 实验内容

(1) 查找芯片 PBL38710 的详细资料,了解其主要性能和特点。

(2) 熟悉由 PBL38710 组成的用户线接口电路。

2. 实验步骤

(1) 打开实验箱右侧的总电源开关,电源输入电路加电,电源指示灯(左上角的 LED 发光二极管)亮。

(2) 电话 A 的 J301 接上电话单机。

(3) 用示波器分别观测 TP301,TP302,TP306 在摘挂机时的工作电平变化。TP301,TP302 为电话 A 用户的二线模拟线上测试点。TP301 接入 PBL38710 芯片的 TIPX 端,TP302 接入 PBL38710 芯片的 RINGX 端。TP306 为用户模块用户摘挂机工作状态测量点。用户电话摘机时,输出低电平;用户挂机时,输出高电平。

五、实验报告要求

(1) 画出本次实验的电路方框图,并叙述其工作过程。

(2) 根据实验概括用户线接口电路的主要功能。

实验三　电话用户信令的产生与观测实验

一、实验目的

(1) 了解常用的几种信令信号音和铃流发生器的电路组成和工作过程。

(2) 熟悉这些信号音和铃流信号的技术要求及测量方法。

二、实验器材

(1) 小电话单机 2 部。

(2) 现代交换技术实验箱 1 台。

(3) 示波器 1 台。

三、实验原理

用户话机与交换机之间的用户线上除要沿两个方向传送语言信息外,为了实现一次通话,还必须沿两个方向传送所需的控制信号。例如,当用户想要通话时,必须首先向程控机提供一个信号,让交换机识别并准备好有关设备,此外,还要把呼叫的目的地信号发往交换机;当用户想要结束通话时,也必须向交换机提供一个信号,以释放通话期间所使用的设备。用户除要向交换机传送信号之外,还需要传送相反方向的信号,如交换机要向用户传送交换机设备状况,以及被叫用户状态的信号。由此可见,一个完整电话通信系统除了交换系统和传输系统外,还应有信令系统。

用户向交换机发送的信号有用户状态信号(一般为直流信号)和号码信号(地址信号),交换机向用户发送的信号有各种可闻信号与振铃信号(铃流)。

(1) 各种可闻信号:一般采用频率为 500 Hz 的信号。例如,

拨号音(dial tone):连续发送的 500 Hz 信号。

回铃音(echo tone):1 s 通、4 s 断的 5 s 断续的 500 Hz 信号。

忙音(busy tone):0.35 s 通、0.35 s 断的 0.7 s 断续的 500 Hz 信号。

(2) 振铃信号(铃流):一般采用频率为 25 Hz、幅度为 75 V±15 V 的交流电压,以 1 s

通、4 s 断的 5 s 断续方式发送。

在本实验系统中,CPLD 可编程逻辑器件(EPM240)作为程控交换系统的交换/控制模块与各种信号产生模块,简称信令信号产生单元,其内部逻辑组成框图如图 10-6 所示。

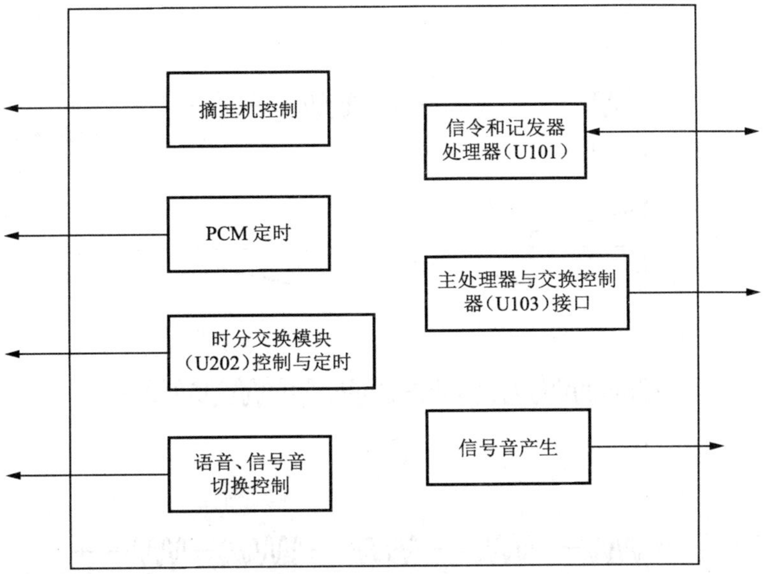

图 10-6　CPLD 可编程逻辑器件(EPM240)内部框图

EPM240 在系统编程时无须专门的编程器,器件安装在系统中后,用户可以在不改变电路结构或电路板硬件设置的情况下重构逻辑,对芯片进行编程或重新编程。这使得设计修改更加方便,逻辑功能更加灵活,编程更加快捷。

通过对 EPM240 进行编程,产生程控交换所需的各种用户信令信号,加电即运行。EMP240 输出的信令及控制信号(参见图 10-5 用户线接口电路原理图)包括:

(1) 用户信令选择控制信号。

(2) 拨号音信号(dial signal)。

(3) 回铃音信号(echo signal)。

(4) 忙音信号(busy signal)。

(5) 铃流信号(ring signal)。

(6) 振铃通断控制信号 CA,CB,CC,CD。

(7) 其他工作时钟及片选信号。

信令信号的波形如图 10-7 所示。

回铃音:由 U01 EPM240 产生,为 1 s 通、4 s 断的重复周期为 5 s 的信号,幅度在 5 V 左右。测量点为 TP303,TP403,TP503,TP603,测量时注意示波器扫描周期的调节。

铃流信号:由 U01 EPM240 产生,经 RC 积分电路后形成,频率为 25 Hz。测量点为 TP07,测量时注意示波器扫描周期的调节。铃流信号送入 PBL38710 后,需要通过功率提升向用户话机送出铃流,完成振铃。各电话用户的振铃通断控制信号分别为 CA,CB,CC,CD,在 TP307 可以测出 CA,其他几个点的规律和 CA 一样。

拨号音:由 U01 EPM240 产生,频率为 500 Hz,幅度在 5 V 左右。测量点为 TP303,

TP403,TP503,TP603,测量时注意示波器扫描周期的调节。

忙音:由 U01 EPM240 产生,为 0.35 s 通、0.35 s 断的重复周期为 0.7 s 的 500 Hz 的信号,幅度在 5 V 左右。测量点为 TP303,TP403,TP503,TP603,测量时注意示波器扫描周期的调节。

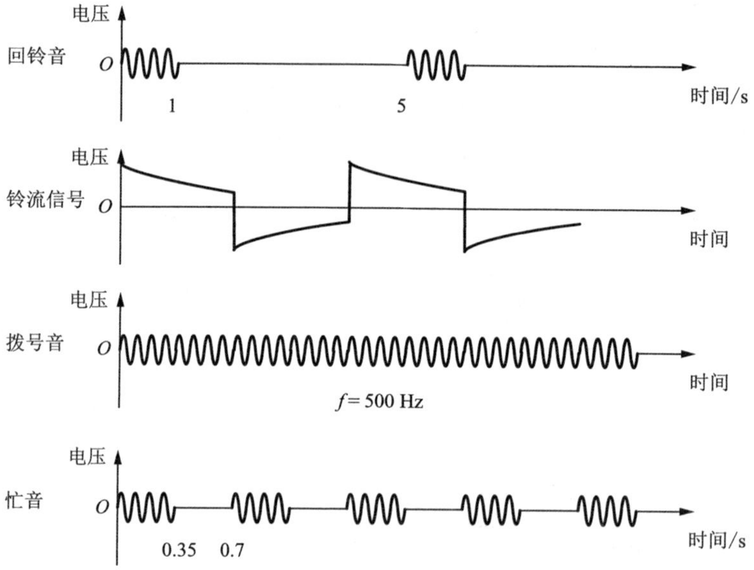

图 10-7 波形示意图

四、实验内容与步骤

1. 实验内容

用示波器测量各测量点拨号音、忙音、回铃音及铃流控制信号的波形。

2. 实验步骤

(1) 在关电情况下,插上电话 B 接口模块。

(2) 打开实验箱右侧的总电源开关,电源指示灯亮,系统工作,薄膜开关选择"人工交换",具体设置说明参见实验五。

(3) 电话 A、电话 B 分别接上电话单机。

(4) 调整好示波器状态,在拨打电话的过程中,分别测量 TP303,TP403,TP503,TP603 及 TP307 各测量点的波形,了解各种波形的特征。

(5) 摘下电话 A,听电话听筒中传出的声音,即拨号音,对照测量 TP303 波形,记录并画出波形的示意图。

(6) 电话 A 拨号"49",拨号音停,听电话听筒中传出的声音,即回铃音,对照测量 TP303 波形,记录并画出波形的示意图。

(7) 电话 B 振铃响,此信号是由 CPLD 的信号送到电话接口电路后经功率提升,在中央控制单元的控制下,驱动电话 B 振铃(振铃信号功率较大,不要求测量)。

(8) 当电话 A 摘机后拨空号或电话 B 忙(已摘机)等,此时听电话 A 听筒中传出的声音，即忙音，对照测量 TP303 波形，记录并画出波形的示意图。

(9) 更换电话 B 进行实验，实验步骤与上相同，对应的测试点为 TP403。

注意：TP303 测试点的信号会因电话呼叫接续情况不同而不同。电话 B，C，D 对应的测试点分别为 TP403，TP503，TP603。

五、实验报告要求

(1) 认真画出实验过程中各测量点波形。

(2) 对各测量点特性进行分析，熟悉它们之间的区别和各自的作用。

实验四　双音多频(DTMF)接收与检测实验

一、实验目的

(1) 观测电话机发送的 DTMF 信号波形。

(2) 了解电话号码双音多频信号在程控交换系统中的接收和检测方法。

(3) 熟悉该电路的组成结构及工作过程。

二、实验器材

(1) 小电话单机 2 部。

(2) 现代交换技术实验箱 1 台。

(3) 示波器 1 台。

三、实验原理

DTMF 接收器包括 DTMF 分组滤波器和 DTMF 译码器，其基本原理如图 10-8 所示。

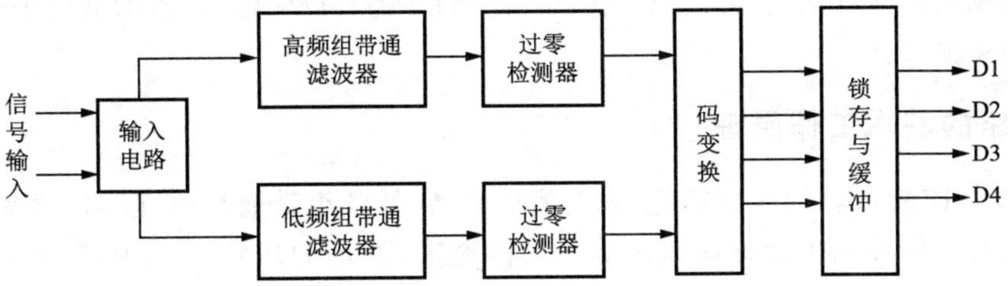

图 10-8　典型 DTMF 接收器原理框图

在本实验系统电路中，DTMF 接收器采用的是 MT8870 芯片。图 10-9 为管脚排列图。

1. 电路的基本特性

(1) 提供 DTMF 信号分离滤波和译码功能，输出对应 16 种组合的 4 位二进制码。

(2) 可外接 3.579 5 MHz 晶体，与内置振荡器产生基准频率信号。

(3) 具有抑制拨号音和调整模拟信号输入增益的能力。

(4) 二进制码为三态输出。

(5) 提供基准电压(VDD)输出。

(6) 电源为+5 V。

(7) 功耗为 15 mW。

(8) 工艺为 CMOS。

(9) 封装为 18 引线双列直插。

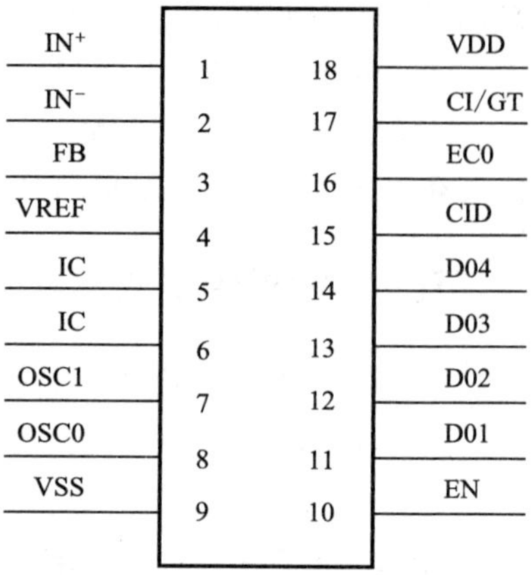

图 10-9 MT8870 芯片管脚排列

2. 管脚简要说明

IN^{+},IN^{-}:运放同、反相输入端,模拟信号或 DTMF 信号从此端输入。

FB:运放输出端,外接反馈电阻,可调节输入放大器的增益。

VREF:基准电压输出。

IC:内部连接端,应接地。

OSC1,OSC0:振荡器输入、输出端,两端外接 3.579 5 MHz 晶体。

VSS:接负电源,通常接地。

VDD:接正电源,通常接+5 V。

CI/GT:控制输入,若此输入电压高于门限值 VTSt,则电路将接收 DTMF 单音对,并锁存相应码字于输出,若输入电压低于 VTSt,则电路不接收新的单音对。

EC0:初始控制输出,若电路检测出一可识别的单音对,则此端变为高电平,若无输入信号或连续失真,则 EC0 返回低电平。

CID:延迟控制输出,当一有效单音对被接收,CI 超过 VTSt,输出锁存器被更新,则 CID 为高电平,若 CI 低于 VTSt,则 CID 返回低电平。

D01~D04:数据输出,它是对应于 16 种 DTMF 信号的 4 位二进制码,为三态缓冲输出。

EN:数据输出允许端,若为高电平输入,即允许 D01~D04 输出,若为低电平输入,则禁止 D01~D04 输出。

3. 电路的基本工作原理

典型 DTMF 接收器的主要功能:输入信号的高、低频组带通滤波,限幅,频率检测与确认,译码,锁存与缓冲输出及振荡监测等。具体说来,就是 DTMF 信号从芯片的输入端输入,经过输入运放和拨号音抑制滤波器滤波后,分两路分别进入高、低频组带通滤波器,以检测并分离高、低频组信号。

如果高、低频组信号同时被检测出来,便在 EC0 输出高电平,作为有效检测 DTMF 信号的标志;如果 DTMF 信号消失,则 EC0 返回低电平,与此同时,EC0 通过外接 R 向 C 充电,得到 CI,GT。

若经 tGTP 延时后,CI,GT 电压高于门限值 VTSt,则产生内部标志。当该电路出现 EC0 标志时,证实后的两单音被送往译码器,变成 4 位码字并送到输出锁存器,而 CI 标志出现时,4 位码字被送到三态输出端 D01~D04。另外,CI 信号经形成和延时,从 CID 端输出,提供一选通脉冲，表明 4 位码字已被接收，输出已被更新。若积分电压降到门限值 VTSt 以下，CID 返回低电平。

MT8870 的译码表见表 10-1，图 10-10 为双音多频实验系统的原理框图。其中，数据输出允许端 EN 测量点为 TP308，为电话 A，B 共用。

表 10-1　MT8870 译码表

f_L/Hz	f_H/Hz	按　键	EN	D04	D03	D02	D01
697	1 209	1	H	L	L	L	H
697	1 336	2	H	L	L	H	L
697	1 477	3	H	L	L	H	H
770	1 209	4	H	L	H	L	L
770	1 336	5	H	L	H	L	H
770	1 477	6	H	L	H	H	L
852	1 209	7	H	L	H	H	H
852	1 336	8	H	H	L	L	L
852	1 477	9	H	H	L	L	H
941	1 336	0	H	H	L	H	L
941	1 209	*	H	H	L	H	H
941	1 477	#	H	H	H	L	L
697	1 633	A	H	H	H	L	H
770	1 633	B	H	H	H	H	L
852	1 633	C	H	H	H	H	H
941	1 633	D	H	L	L	L	L
			L	Z	Z	Z	Z

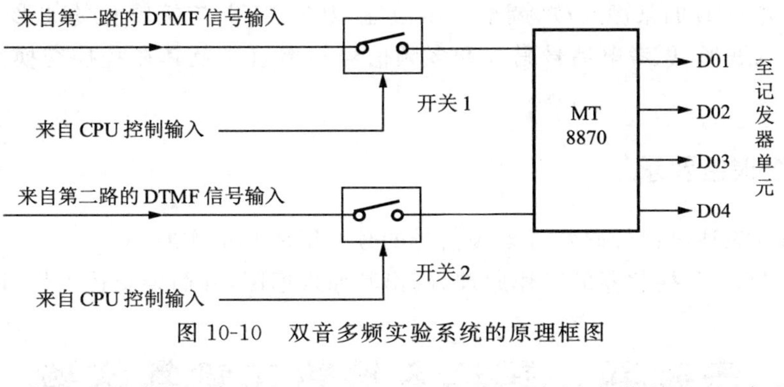

图 10-10　双音多频实验系统的原理框图

需要指出，本实验系统采用一片 MT8870 芯片对两路用户线接口电路进行号码检测（资源共享方式）。为了不影响电路的正常工作，通过模拟开关接通或断开 DTMF 信号，模拟开关还可对非拨号状态下的语音信号进行隔离，阻止语音信号进入 MT8870 芯片，防止误动作的发生。在实际应用中，一片 MT8870 最多可以检测 16 路用户线接口电路的 DT-

MF信号，此时采取排队等待方式进行工作。当然，具体设计这方面的电路时需要全面考虑，使之能正常工作而不出现漏检测现象。

四、实验内容与步骤

1. 实验内容

（1）用示波器观察并测量DTMF信号的波形。

（2）用示波器观察DTMF接收器译码数据输出允许端EN的测量点，拨号时注意其相应允许端的电平变化。

2. 实验步骤

（1）在关电情况下，插上电话B接口模块。

（2）打开实验箱右侧的总电源开关，电源指示灯亮，系统开始工作，选择“人工交换”工作方式，具体设置说明参见实验五。

（3）电话A、电话B分别接上电话单机。

（4）将示波器一通道放在1VT连接铆孔上，即测量发送的DTMF信号的波形；另一通道放在TP308上，即测量DTMF接收器译码数据输出允许端EN的信号波形（注意需选择DC直流挡和2 V挡；只有正常摘机拨号时，MT8870芯片才工作）。

（5）电话A用户摘机，听到拨号音后开始拨打对方号码，即按“49”，拨号时注意TP308的电平变化（通知系统中的记发器模块接收DTMF系统输出的译码数据）。

（6）电话B振铃响，摘下话机（此时没有信息交换，只是信令的自动交换，所以电话间不能进行通话）。

（7）拨电话A上的任意键，注意观察1VT连接铆孔的波形，即电话A发送的DTMF信号的波形。

（8）长按电话A的“1”键不放，调整好示波器，观察1VT连接铆孔的波形，即两个不同频率的正弦波的叠加波形。

（9）长按电话B的某键不放，调整好示波器，观察2VT连接铆孔的波形。观测并对比1VT和2VT的波形，思考电话号码双音多频信号频率组成及其在程控交换系统中的工作原理。

五、实验报告要求

（1）分析并叙述电话号码双音多频信号的频率组成和工作原理。

（2）了解DTMF接收器的工作原理，画出其原理框图，并简要叙述工作过程。

实验五　程控交换状态设置实验

一、实验目的

（1）熟悉薄膜输入开关的操作方法和液晶屏的显示内容。

（2）了解本实验系统中的交换方式。

二、实验器材

（1）小电话单机 2 部。
（2）现代交换技术实验箱 1 台。
（3）示波器 1 台。

三、实验原理

信令处理器和记发器(U101)用来输出扫描信号到薄膜开关输入电路，以接收用户的输入命令，同时将当前工作状态以汉字或字符方式输出到液晶显示电路中。

信令处理器和记发器通过 USB 接口与 PC 进行通信，图 10-11 是信令处理器和记发器接口电路方框图。

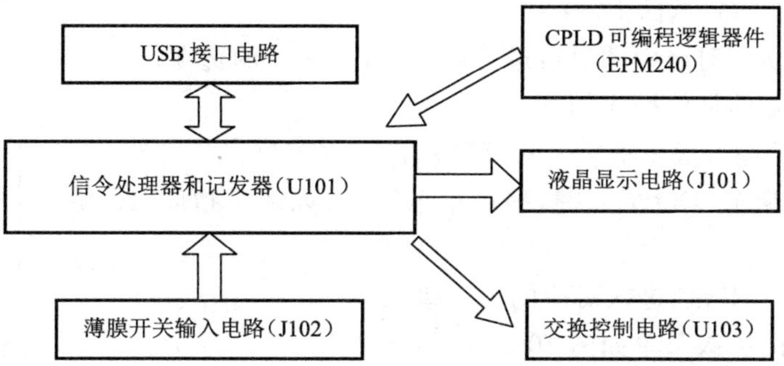

图 10-11　信令处理器和记发器接口电路方框图

信令处理器和记发器同时也完成交换命令的转接任务，一方面将主、被叫号码的接续信息在液晶屏上显示出来，另一方面将主、被叫号码译成接续命令送往交换控制电路(U103)。

程控交换实验系统有多种交换方式：人工话务交换、空分交换、数字时分交换和与电信网络通信的市话接口等。数字时分交换又有 3 种不同的实现手段：① 时分交换专用芯片实现——时分 MT8980；② 数字信号处理技术实现——时分 DSP；③ 数字可编程逻辑技术实现——时分 CPLD。不同的交换方式和实现手段通过液晶屏控制。实验系统交换方式方框图如图 10-12 所示。

对实验箱加电后，液晶屏上显示“欢迎使用 RZ8683 型现代交换技术实验平台”。键盘输入电路采用 6 个按键的薄膜开关，具体介绍如下。

RESET(复位)：对中央处理器进行复位操作。按键时，液晶屏背景灯及交换方式指示灯闪动一下。

START(开始)：进入实验中信息交换方式的选择界面。按下后进入主菜单(图 10-13)。

UP(上移)：对主菜单中的项目进行选择。按下后可移动液晶屏上的指示小箭头。

DOWN(下移)：作用同“UP”键，但移动方向相反。

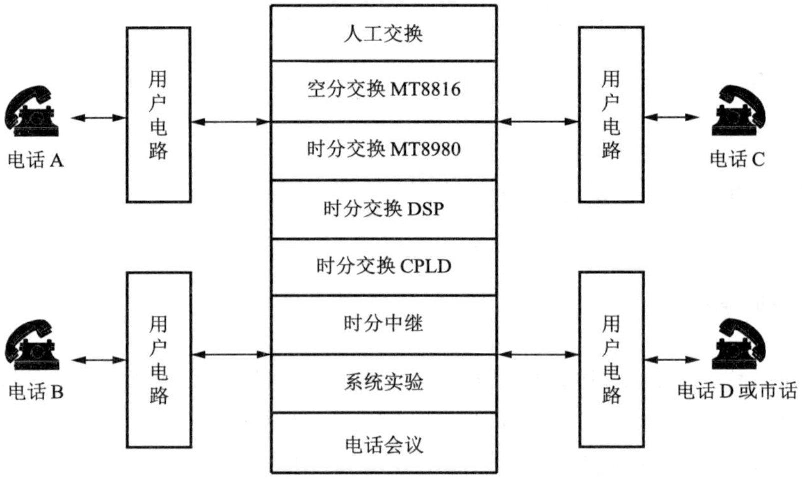

图 10-12　实验系统交换方式方框图

RETURN(返回):返回上一级菜单。

ENTER(确认):对选中的项目进行确认,进入相应的选项。

交换方式设置的具体操作如下。

(1) 按一下薄膜开关上的“START”键,进入主菜单。

(2) 按“UP”键或“DOWN”键,移动指示箭头,如箭头指向“2. 空分 MT8816”。

(3) 按“ENTER”键,进入对应的下一级菜单。

液晶屏显示的各级菜单如图 10-14 所示。

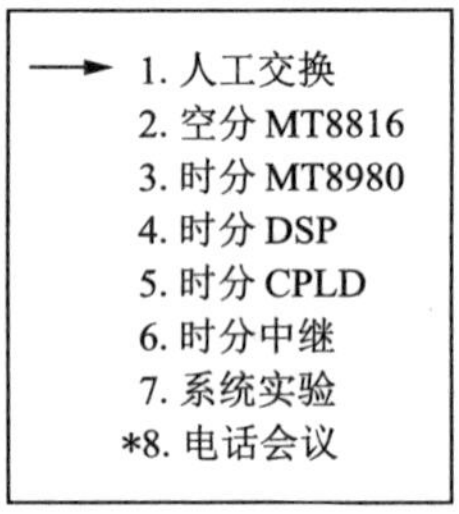

图 10-13　液晶屏主菜单项目显示内容

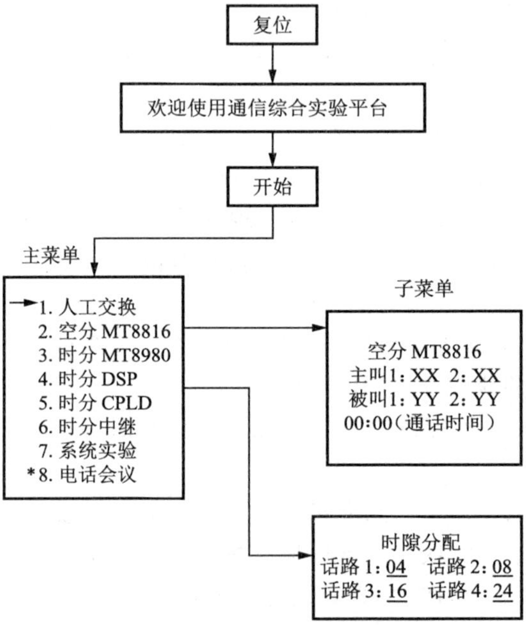

图 10-14　液晶屏显示的菜单

注：(1) XX，YY 分别代表主叫用户 1,2 及被叫用户 1,2 的电话号码。

(2) 话路 1、话路 2 代表电话 A 用户、电话 B 用户，其电话号码时隙分配的默认值为 04，08。

(3) 话路 3、话路 4 代表电话 C 路用户、电话 D 用户，其电话号码时隙分配的默认值为 16,24。

液晶屏(LCD)是一种极低功耗显示器，其应用特别广泛。在实验平台中，LCD 用来显示操作程序、工作菜单，引导实验按部就班地进行。液晶显示驱动模块的详细指令集见附录 2。

注意：按动薄膜开关上的按键时，切勿莽力操作，以便延长薄膜开关的使用寿命。

四、实验内容与步骤

1. 实验内容

(1) 熟悉几种交换方式的操作。

(2) 熟练掌握薄膜键盘上 6 个键的功能，熟悉液晶屏显示的主菜单及其子菜单的意义。

(3) 了解液晶屏、薄膜键盘的技术资料。

2. 实验步骤

(1) 打开实验箱右侧的总电源开关，电源指示灯亮，系统开始工作。

(2) 电话 A、电话 B 分别接上电话单机。

(3) 按一下薄膜开关上的“START”键，进入主菜单。按“UP”键或“DOWN”键，移动指示箭头，箭头指向“2.空分 MT8816”，按“ENTER”键，进入对应的下一级子菜单。

(4) 按“RETURN”键返回上一级菜单。

五、实验报告要求

简述几种交换方式下薄膜开关的操作方法、步骤和相应液晶屏的显示内容。

实验六 用户话路 PCM 编译码实验

一、实验目的

(1) 掌握 PCM 编译码器在程控交换机中的作用。

(2) 熟悉单片 PCM 编译码集成电路 TP3057 的电路组成和使用方法。

(3) 观测 TP3057 各测量点的工作波形。

二、实验器材

(1) 小电话单机 2 部。

(2) 现代交换技术实验箱 1 台。

(3) 示波器 1 台。

三、实验原理

电话用户电路模拟信号与数字信号的变换是通过 PCM 编译码器完成的。PCM(脉冲编码调制)就是将一个时间连续、取值连续的模拟信号进行抽样、量化和编码,变换成时间离散、取值离散的数字信号,然后将其在信道中传输。本实验采用 TP3057 集成电路(图 10-15)完成 PCM 编码和译码功能。

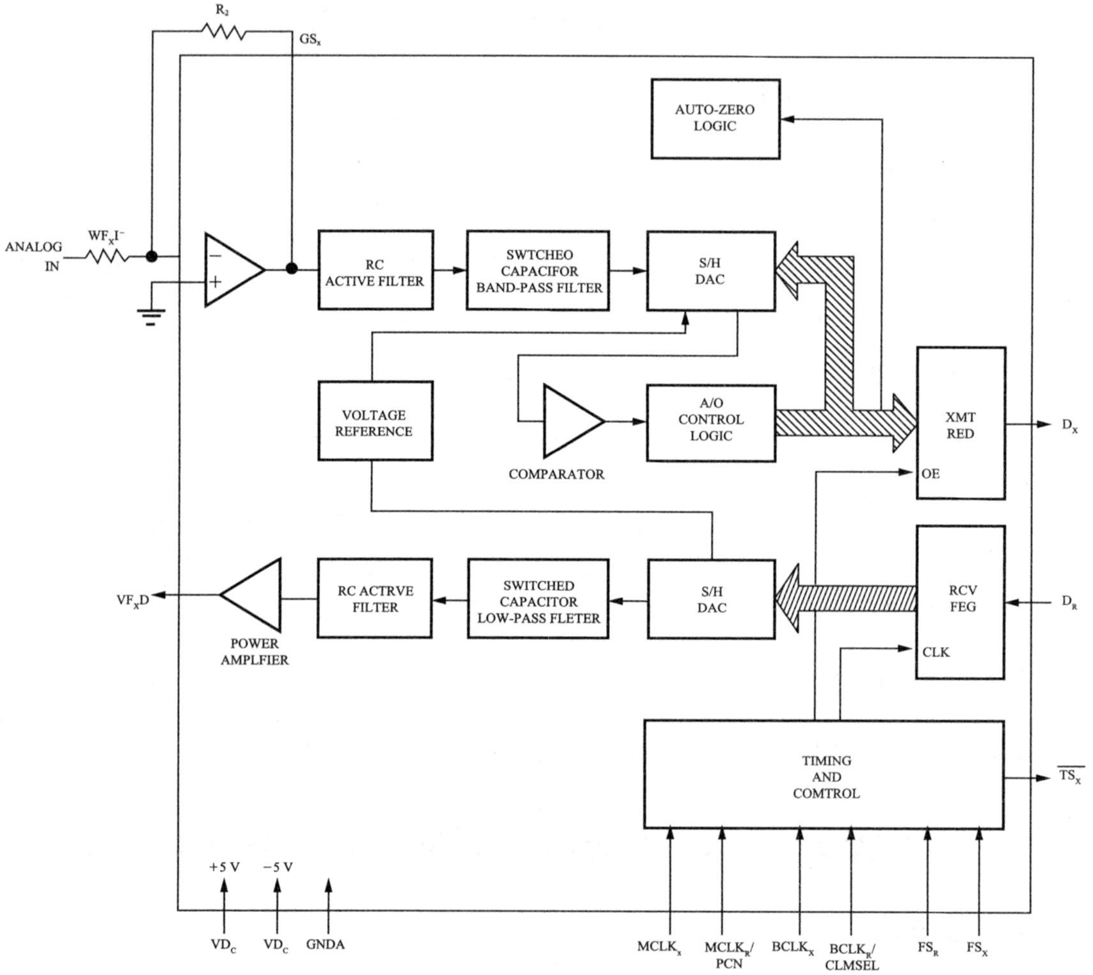

图 10-15 TP3057 集成电路

在 PCM 脉冲编码调制中,语音信号先经防混叠滤波器进行脉冲抽样,变成 8 kHz 重复频率的抽样信号(即离散的脉冲调幅 PAM 信号),然后将幅度连续的 PAM 信号用类似“四舍五入”的方法量化为有限个幅度取值的信号,最后经编码转换成二进制码。对于电话,CCITT(国际电报电话咨询委员会)规定抽样率为 8 kHz,每抽样值编 8 位码,即共有 $2^8=256$ 个量化值,因而每话路 PCM 编码后的标准数码率是 64 kbit/s。TP3057 集成电路的压缩特性是 A 律十三折线非均匀量化编码,常应用于 PCM 30/32 路系统中,一般以 2.048

Mbit/s 的速率来传送信息(可容纳 32 路 PCM 编码)。它的短帧同步定时如图 10-16 所示,发送时序与接收时序直接受 U01 产生的脉冲信号 FS_X 和 FS_R 控制。单路 PCM 编码数据是在某一个确定的时序中被发送出去,其他时序编码器是没有输出的。同样在一个 PCM 帧里,单路 PCM 译码能在某一个确定的时序里接收 8 位 PCM 码。

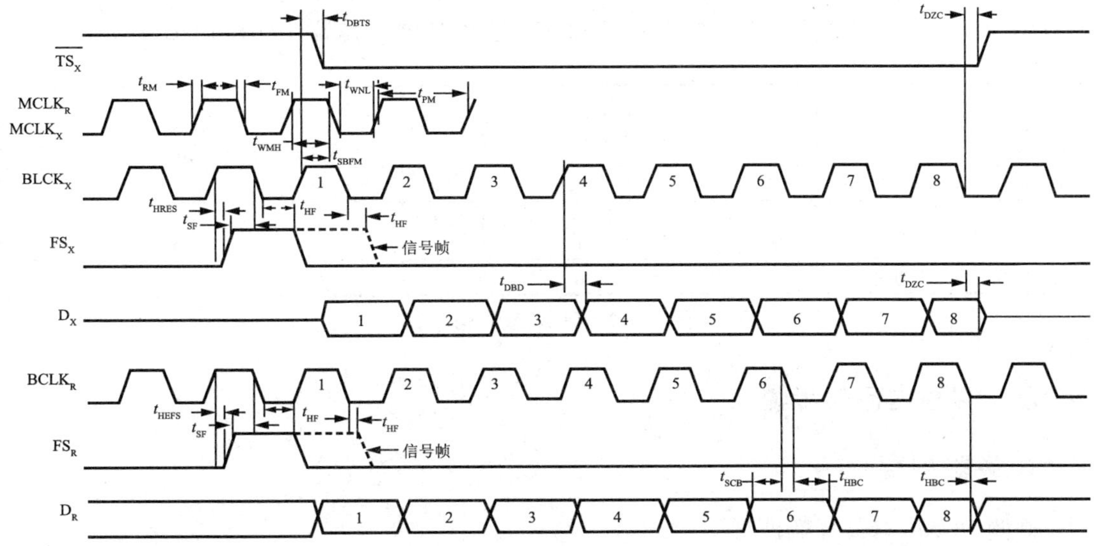

图 10-16　短帧同步定时

由于 4 路数字电话用户的 PCM 编译码电路的原理图都是一样的,因此下面只对电话 A 进行说明,其他各路电路和测试点对应相同。

电话 A 用户端的 PCM 编译码的组成方框图如图 10-17 所示。电话语音信号经过二/四线转换后分为发送和接收部分。电话的去话语音信号由 1VT 经过 PCM 编码器转换成数字信号经 TP304 送往数字时分交换网络;电话的来话数字信号经 TP305 及 PCM 译码器转换成模拟语音信号,并经 1VR 送往用户线接口电路的接收部分。

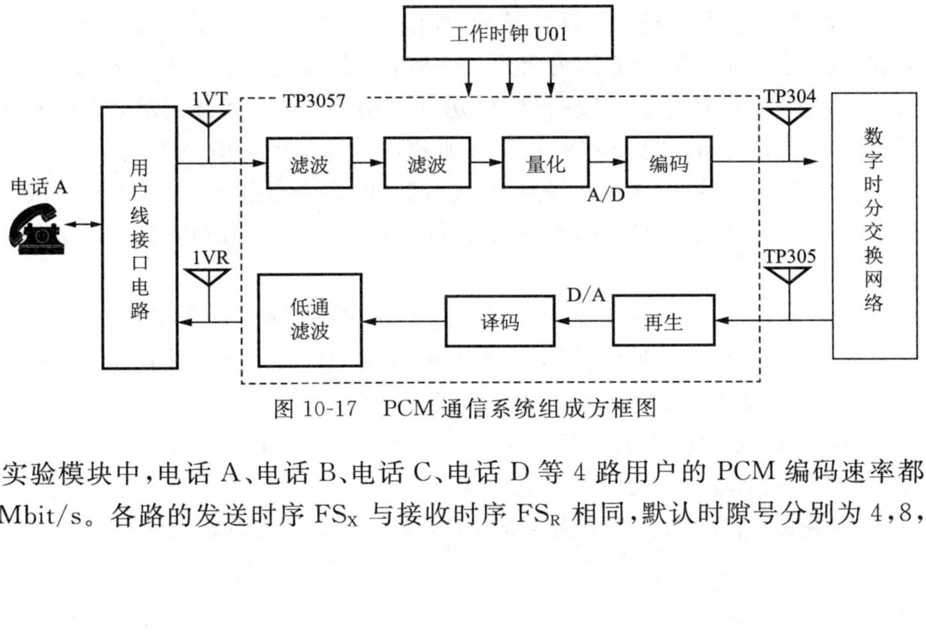

图 10-17　PCM 通信系统组成方框图

本实验模块中,电话 A、电话 B、电话 C、电话 D 等 4 路用户的 PCM 编码速率都设置为 2.048 Mbit/s。各路的发送时序 FS_X 与接收时序 FS_R 相同,默认时隙号分别为 4,8,16,24,

对应的测试点分别为 TP02，TP03，TP04，TP05，参考 0 时隙测试点为 TP01。实验时，设置“时分 MT8980”方式，此时，EPM240 将 TP3057 芯片的上述工作时序和时隙送往各路用户线接口电路。

另外，TP3057 芯片内部模拟信号的输入端有一个语音带通滤波器，其通频带为 200～4 000 Hz，所以输入的模拟信号频率只能在这个范围内。当输入模拟语音信号被采样的幅值分别为正向最大、0 电平、负向最大时，TP3057 芯片对应的编码值如图 10-18 所示。

	TP3054 μ-LAW								TP3057 A-LAW (Includes Even bit Inversion)							
V_{IN} (at GS_X) = +Full-Scale	1	0	0	0	0	0	0	0	1	0	1	0	1	0	1	0
V_{IN} (at GS_X) = OV	{1	1	1	1	1	1	1	1	1	1	0	1	0	1	0	1
	{0	1	1	1	1	1	1	1	0	1	0	1	0	1	0	1
V_{IN} (at GS_X) = −Full-Scale	0	0	0	0	0	0	0	0	0	0	1	0	1	0	1	0

图 10-18　PCM 编码输出表

四、实验内容与步骤

1. 实验内容

观测 PCM 编码、译码波形。

2. 实验步骤

(1) 在关电情况下，插上电话 B 接口模块，交换网络接口上插上时分 MT8980 交换模块，保管好其他模块。

(2) 打开实验箱右侧的总电源开关，电源指示灯亮，系统开始工作。

(3) 电话 A、电话 B 分别接上电话单机。

(4) 选择“时分 MT8980”交换方式，此时 U01 将控制时序信号和脉冲送往各个用户线接口电路(2. 048 Mbit/s 的速率，可容纳 32 路 PCM 编码)，各路 TP3057 芯片即运行。

(5) 将电话 A 与电话 B 按正常呼叫接通，即电话 A 拨号“49”，建立正常通话，通过话机讲话或按键(双音多频信号)，对方即可听到。此时，电话 A 发出的语音信号通过 PCM 编码器变成相应的数字信号，经过时分交换网络，送往电话 B 的 PCM 译码器，译码还原后送入电话 B 听筒。电话 B 话筒信息交换到电话 A 听筒的过程与此类似。

(6) 根据步骤(5)的分析，电话 A 的 1VT 测试点波形应与电话 B 的 2VR 测试点波形相同(模拟信号)，TP304 波形应与 TP405 波形相同。注意 PCM 编码信号交换后的时隙位置发生变化。

(7) 用示波器验证步骤(6)结果，注意观测 PCM 编码波形，如 TP304，TP405。示波器的触发通道放在 PCM 编码波形的帧同步窄脉冲 TP02 上，另一通道放在 PCM 编码波形测试点上，调整示波器，即可观测到 PCM 的 8 位编码波形。

(8) 对电话讲话或按键，观察对应的 PCM 编码波形的变化。

(9) 更换其他电话呼叫组合继续进行实验。

(10) 若使用的示波器无法看清高速的 PCM 编码数据，可设置系统的 PCM 编码时钟为 64 kHz,这样一帧中只可容纳 1 路 PCM 数据,即在关电的前提下,交换模块更换为时分 CPLD,加电后,菜单选择对应的项目,其他操作步骤与前同。

注:实验中电话 A 的各测量点波形说明如下,其他电话用户的测试点与其对应相同。

1VT:电话 A 去话语音信号,即 PCM 模拟语音信号输入。

TP304:电话 A PCM 编码器编码的数字信号输出。

TP305:电话 A PCM 译码器接收的数字信号输入。

1VR:电话 A 来话语音信号,即 PCM 模拟语音信号输出。

五、实验报告要求

(1) 画出各测量点的波形,并注明它是在何种状态下测试到的波形。

(2) 检索 PCM 编译码器 TP3057 芯片的相关资料,并简述其工作原理。

(3) 画出 TP02 的波形,简述时序信号在时分复用中所起的作用。

实验七　呼叫处理与线路信号的传输过程实验

一、实验目的

(1) 熟悉一次正常呼叫的传送信号流程。

(2) 了解信号在交换过程中的传输特性。

二、实验器材

(1) 小电话单机 2 部。

(2) 现代交换技术实验箱 1 台。

(3) 示波器 1 台。

三、实验原理

图 10-19 为一次正常呼叫传送信号流程图,图 10-20 为一次正常呼叫状态分析图。

四、实验内容与步骤

1. 实验内容

(1) 以电话 A 与电话 B 的呼叫为例,根据一次正常呼叫的传送信号流程,测量线路有关测量点波形。

(2) 了解交换过程中的各种信号传送流程。

2. 实验步骤

(1) 在关电情况下,插上电话 B 接口模块,交换网络接口处插上空分 MT8816 交换模块,保管好其他模块。

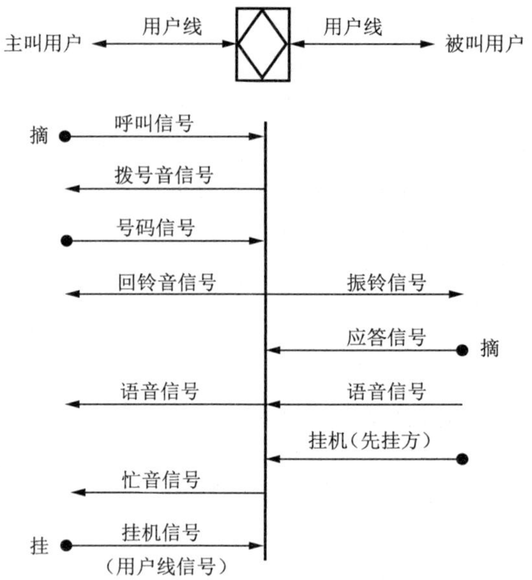

图 10-19 一次正常呼叫传送信号的流程图

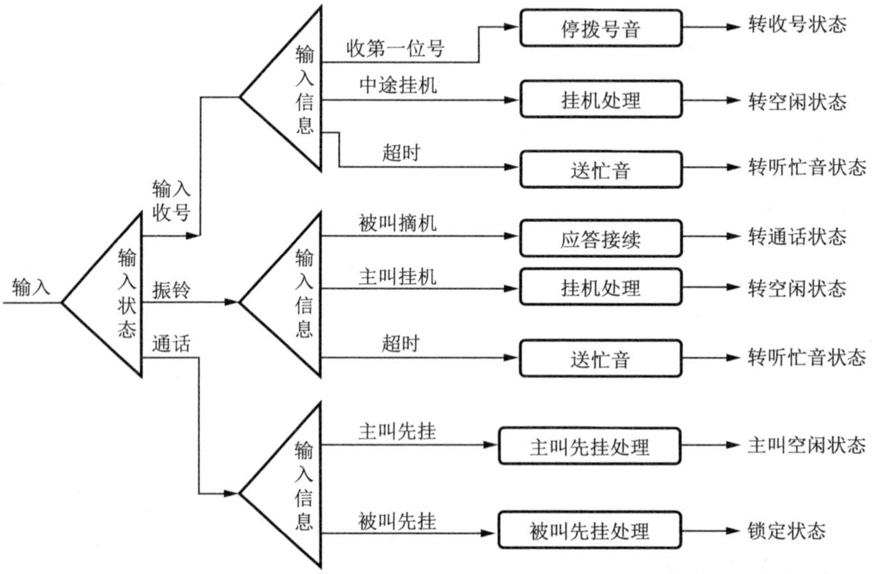

图 10-20 一次正常呼叫状态分析图

(2) 打开实验箱右侧的总电源开关,电源指示灯亮,系统开始工作。

(3) 通过薄膜开关将交换工作方式设置为“空分 MT8816”,开始实验。

(4) 电话 A、电话 B 分别接上电话单机。

(5) 电话 A 摘机,此时主叫摘机信号(TP306)通知信令处理器和记发器单元做好呼叫通话的一切准备,用户线接口电路给电话 A 送上 −24 V 直流电平(TP301,TP302),同时信令处理器和记发器单元给电话 A 送上拨号音信号(TP303)。

(6) 电话 A 拨号“49”,号码信号(1VT)传送到 DTMF 接收器进行译码,同时在拨第一个号码时就通知信令处理器和记发器单元停止送拨号音信令信号。

(7) 电话A拨号完毕并且被叫用户空闲，信令处理器和记发器单元给电话A送回铃音信号(TP303)，同时给被呼叫方送振铃信号。

(8) 被叫方电话B摘机，应答摘机信号通知信令处理器和记发器单元。此时，电话A的回铃音和电话B的振铃信号结束，通信进行。

(9) 被叫方电话B挂机，通信结束。挂机信号通知信令处理器和记发器单元拆线，电话B空闲，同时给呼叫方电话A送忙音信号(TP303)。

(10) 电话A挂机，挂机信号(TP306)通知信令处理器和记发器单元，电话A现在空闲。

(11) 更换交换网络模块，选择时分交换方式再进行实验。

注意液晶中呼叫状态的同步显示，认真思考整个呼叫过程，用实验验证信令处理器和记发器单元是怎样处理各种突发现象的。

五、实验报告要求

(1) 画出一次完整的电话呼叫、接续的程序流程图(包括各种突发情况)。

(2) 根据测试的实验数据、现象，分析理想的结果与实际测量的结果是否一致。

(3) 写出本次实验的心得体会，并提出对本次实验的改进意见。

实验八　二/四线变换与回波返损测试实验

一、实验目的

(1) 熟悉二/四线变换电路的工作原理。

(2) 了解回波的定义、产生的原因及其对通信的影响。

二、实验器材

(1) 小电话单机2部。

(2) 现代交换技术实验箱1台。

(3) 示波器1台。

三、实验原理

1. 二/四线变换电路

在实验系统中，用户线端口采用二线制，即发送与接收的语音信号在一条共用的线对(TR)中传输，而交换网络端口采用四线制，即发送与接收的语音信号分别在独立的线对(T与R)中传输。因此，用户线与交换网络之间需加上二线制与四线制的变换电路，如图10-21所示。

对二/四线变换电路的要求为：

(1) 将二线电路转换成四线电路。

(2) 信号由四线收端到四线发端要有尽可能大的衰减。

(3) 信号由二线端到四线发端和由四线收端到二线端的衰减应尽可能小。

(4) 应保持各传输端的阻抗匹配。

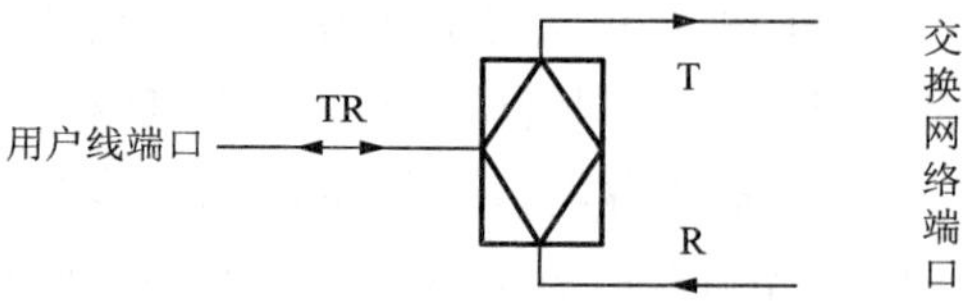

图 10-21 二/四线变换电路功能框图

2. 回波返损实验

二/四线变换电路如图 10-22 所示，由于二/四线变换器各端口阻抗不匹配，R 与 T 之间的衰减不可能为无穷大，接收信号将会漏到发送支路，因此产生回波。普通电话通信回波传输过程如图 10-22 所示：发话人讲话的信号经放大线路及交换网络等的衰减，传送至对方，然后经对方的二/四线变换电路从 R 漏到 T，再由对方的发送支路传回到本方接收，并从收话器输出。对市话和短距离通话，发话人对此感觉并不明显，但对长途通信，特别是卫星通信，当回波与本人讲话有较大时延时，发话人将在自己的收话器中听到时延的本人讲话，这是令人不能接受的，因此必须尽可能地减小回波或采用回波抵消技术消除回波。

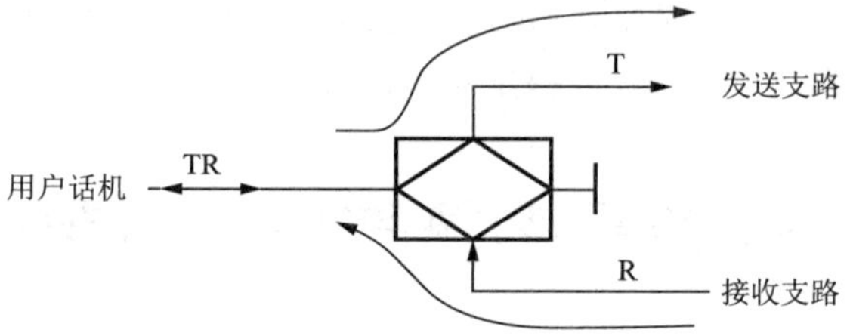

图 10-22 理想的二/四线变换器

由上可见，回波的大小与发送和接收通路的增益及线路衰减以及对方二/四线变换电路 R—T 的衰减等因素有关。虽然线路衰减是随机的，但由于发送和接收通路的增益可以调节，并且系统中通路各点电平有严格规定，因此发送通路和接收通路的总增益是确定的。为简化计算，假设发送通路和接收通路的增益和衰减相互抵消，通路总增益均为零，因此回波大小完全由二/四线变换电路 R—T 的衰减决定。

回波的影响可用回波返损(又称对端损耗)来表示。回波返损的定义为：本端机发送电平与回波电平之比取对数后的 20 倍。根据以上假设，通路总增益为零时，本端机发送电平即对方二/四线变换器 R 端输入电平，本端机回波电平即对方二/四线变换器 R—T 漏电平。

$$\text{回波返损} = 20\lg \frac{\text{R 端输入电平}}{\text{R—T 漏电平}} \tag{10-1}$$

如图 10-23 所示，测量左端电路抑制回波的能力：在右端二/四线变换器的 R 端加入一个标准模拟信号，此时在无其他信号输入的情况下，T 端可测的波形(漏过去的信号)即回波。用仪表测得该电平值，按式(10-1)即可求得左端电路的回波返损值。

回波返损越大，表示从 R 端漏到 T 端的信号电平越低，二/四线变换电路抑制回波的能力越强。

这里应强调说明：用此方法测得的某话路二/四线变换器抑制回波的能力实际是与该话

路通信的另一方电路的回波返损。

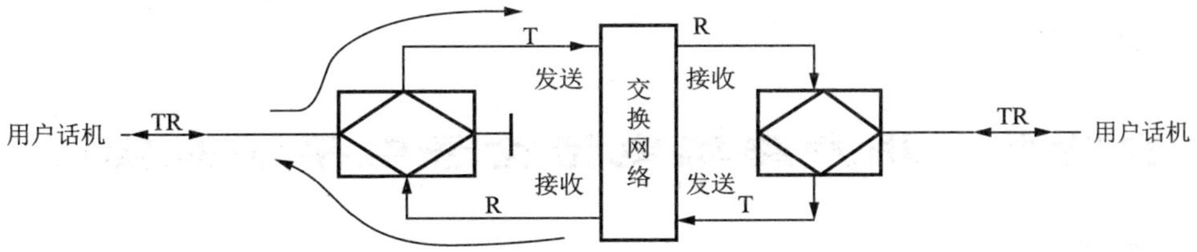

图 10-23 实际电话网中回波传输过程示意图

四、实验内容与步骤

1. 实验内容

(1) 通过主叫与被叫的摘、挂机拨号、通话等操作,了解各种信号在二/四线变换电路中的传输。

(2) 观察用户模块二/四线变换电路输出的来话(1VR)与去话(1VT)的回波现象。

(3) 在测量点 1VT 与 1VR 测量电话 A 的二/四变换网络(广义概念,包括了一些外围电路)的回波返损。

2. 实验步骤

(1) 在关电情况下,插上电话 B 接口模块,拔掉交换网络接口上的交换模块。

(2) 打开实验箱右侧的总电源开关,电源指示灯亮,系统开始工作。

(3) 电话 A、电话 B 分别接上单机,液晶屏上选择“人工交换”方式。

(4) 以电话 A(“48”)与电话 B(“49”)为例,通过主叫与被叫的摘、挂机拨号、通话等操作,观察测量二/四线变换电路各主要端口信号波形,了解各种信号的流向。

(5) 回波返损测量:先测量电话 A 的 R 端接收信号电平,用音频信号发生器输出峰峰值为 U 的正弦信号(可用仪表测得其有效值),接在电话 A 接收端口 R(1VR)上,此时电话 A 话机处于静音状态(不发送语音信号)。

R—T 漏电平测量:在电话 A 发送支路即 T 端口(1VT)测试回波电平有效值。

(6) 将实验步骤(5)中测得的两电平数值代入回波返损公式计算回波返损,此即电话 A 用户线接口电路的回波返损值。

(7) 用同样的方法测量电话 B,C 和 D 用户线接口电路的回波返损。

(8) 若没有音频信号发生器等仪表,参照实验十二,可以选择时分 MT8980 模块及方式。正常拨叫通话后,电话 B 按住某个数字键不放,此时电话 A 的 1VR 出现交换过来的双音多频信号波形(作为测试信号用),通过示波器一通道测得 1VR 处波形的峰峰值,另一通道测得 1VT 回波波形的峰峰值,代入式(10-1)也可得出电话 A 用户线接口电路的回波返损值。

五、实验报告要求

(1) 画出本次实验电路方框图,并说明其工作过程。

(2) 简述各种信号和信令在二/四线变换电路中的流向。

(3) 简述回波返损的意义，测量比较电话A、电话B、电话C、电话D等4个用户线接口电路的回波返损值。

实验九　用户终端电话信号电平调整实验

一、实验目的

(1) 了解用户模块PBL38710话路传输损耗产生的原因。

(2) 熟悉话路传输电平的调整方法。

二、实验器材

(1) 小电话单机2部。

(2) 现代交换技术实验箱1台。

(3) 示波器1台。

三、实验原理

图10-24为电话A用户线接口电路的传输方框图，其他几路用户信号传输与其相同。

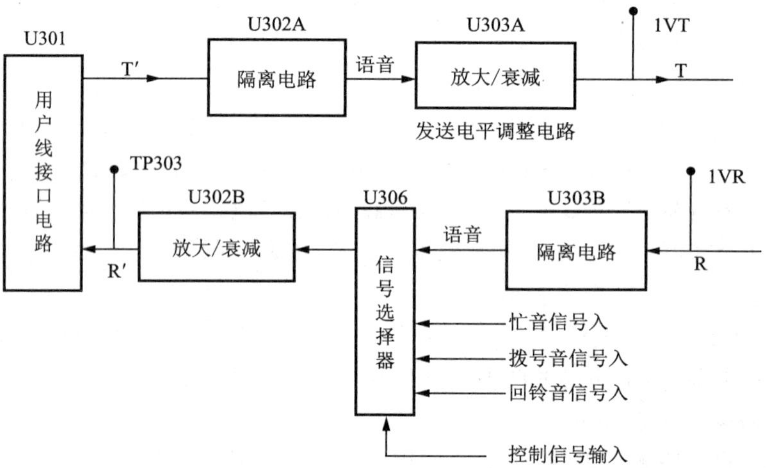

图10-24　电话A用户线接口电路传输方框图

由图10-24可知，去话电路中U302A的作用是将用户线接口电路与交换网络电路进行隔离，U303A是对去话信号进行电平调整；而来话电路中U303B的作用是将来话电路与用户线接口电路进行隔离，U306(CD4066)为模拟开关，可对忙音、拨号音、回铃音及语音信号进行选择。

下面以电话A为例说明其基本原理。电话A用户线接口电路由用户接口模块U301(PBL38710)，U302(TL082)，U303(TL082)，U306及相应的跳线器、电位器等元件组成，通过T，R线与交换机相连。U301具有用户摘机检测、馈电、二/四线变换、振铃等功能。

U301 的语音发送支路的信号经运放 U303A 放大输出。在语音接收支路，接收的信号经运放 U302B 放大输入到 U301 中。在这里，接收支路主要有以下几种类型的信号：① 来自交换的语音信号；② 拨号音信号；③ 忙音信号；④ 回铃音信号。这些不同的信号经 U306（CD4066）模拟开关电路选择，由信令处理器和记发器单元选择其中一个信号送入用户线接口电路 U301 中。

在 PBL38710 模块中，跳线开关 K301 用于设置发送通道的增益：当置于 K1-2 时，选择系统的固定增益设置；当置于 K2-3 时，可通过调整电位器 W301 来设置发送通道增益。实际的通信设备中通路上各点信号电平是有严格规定的，可利用通道增益调整电位器按照规定的电平数值进行调节。本实验系统没有规定电平数值，因此 W301 增益的调整既要保证通信的对方有足够的信号幅度，还要保证电路不会出现大环路自激。通常 W301 增益不可太大，只要保证对方能正常接收信令和语音信号即可。

其他用户线接口电路与电话 A 相似，这里不再重复叙述。

以电话 A 为例，说明用户终端电话网损耗产生原因以及电平调整方法：

（1）在两线端口（TIP-RING）间传输的语音信号为对地平衡的双向语音信号，在四线端口（1VR 与 1VT）传输的信号为收发分开的不平衡语音信号。PBL38710 电路可以进行 TIP-RING 端口与四线 1VR 端和 1VT 端间语音信号的双向传输和二/四线混合转换。

（2）PBL38710 电路可以提供用户线短路保护，使 TIP 线与 RING 线间、TIP 线与地间、RING 线与地间发生长时间短路时器件都不会损坏。

（3）PBL38710 电路提供的双向语音信号的传输衰耗均为 40 dB。该传输衰耗可以通过 PBL38710 电路内部调整，也可通过外部电路调整。

通过上述简单分析，不难得出各测量点的波形如下。

1VT：通话时有发送语音信号波形，拨号时有瞬间 DTMF 波形，不通信时此点无波形。

1VR：通话时有接收语音信号波形，不通信时此点无波形。

TP303：摘机后、拨号前有 500 Hz 拨号音信号，不通信时此点无波形。

四、实验内容与步骤

1. 实验内容

调整各话路传输电平，达到电话间通信的最佳效果。

2. 实验步骤

（1）在关电情况下，插上电话 B 接口模块，确认跳线开关 K301 置于 K1-2，交换网络接口处插上空分 MT8816 交换模块。

（2）打开实验箱右侧的总电源开关，电源指示灯亮，系统开始工作。

（3）通过薄膜开关将交换工作方式设置为“空分 MT8816”，开始实验。

（4）以电话 A、电话 B 为例，分别接上电话单机。

（5）正常通信后，测试电话 A、电话 B 交换前后的语音信号（1VT，1VR，2VT，2VR），验证信号波形是否失真。

（6）跳线开关 K301 置于 K2-3（如果电话通信中断，重新建立呼叫）。

(7) 再次测试电话 A、电话 B 交换前后的语音信号(1VT,1VR,2VT,2VR),验证信号波形是否失真。

(8) 慢慢调节 W301 电位器,直到上述信号不失真,通话效果良好。

五、实验报告要求

(1) 简述用户终端电话信号电平调整步骤。

(2) 画出各测量点在各种情况下的波形图。

实验十　人工交换实验

一、实验目的

(1) 掌握早期交换系统中人工交换的基本原理与实现方法。

(2) 通过人工交换实验了解自动交换网络与人工交换的不同之处。

(3) 增强对电话通信自动交换的感性认识,体会程控技术的优越性。

二、实验器材

(1) 小电话单机 2 部。

(2) 现代交换技术实验箱 1 台。

(3) 示波器 1 台。

三、实验原理

本实验系统选择人工交换方式时,其他交换方式已关闭。人工模拟话务台的电路组成方框图如图 10-25 所示。

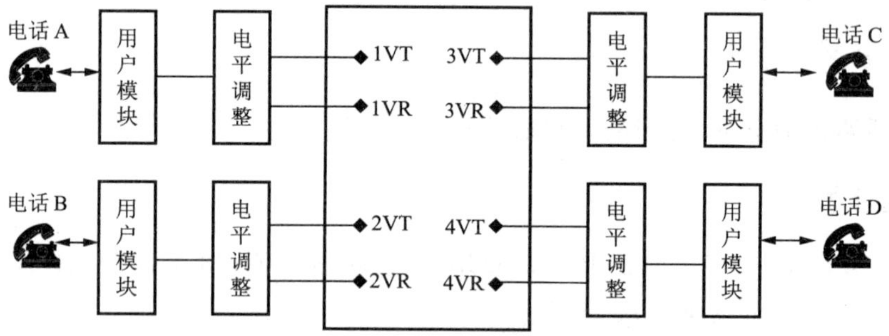

图 10-25　人工模拟话务平台的电路组成方框图

由图 10-25 可知,该实验系统是由 4 路用户线接口电路、电平增益调整电路、控制电路、发话接线柱、收话接线柱等组成。因为人工交换系统比较容易理解,所以对此实验系统进行简化,将话务员接收用户拨叫号码、存储、计数、呼叫等任务放入信令处理器和记发器单元,将接线工作由实验者人工完成。

发话、收话接线柱的说明如下。

1VT：电话 A 发话观察点和话路接线柱。

1VR：电话 A 收话观察点和话路接线柱。

2VT：电话 B 发话观察点和话路接线柱。

2VR：电话 B 收话观察点和话路接线柱。

3VT：电话 C 发话观察点和话路接线柱。

3VR：电话 C 收话观察点和话路接线柱。

4VT：电话 D 发话观察点和话路接线柱。

4VR：电话 D 收话观察点和话路接线柱。

四、实验内容与步骤

1. 实验内容

(1) 熟悉人工话务台结构框图。

(2) 使人工交换平台工作，进行两部电话机通话实验。

2. 实验步骤

(1) 在关电情况下，插上电话 B 接口模块，拔掉交换网络接口上的交换模块。

(2) 打开实验箱右侧的总电源开关，按开始键进入交换方式选择状态，选择“人工交换”方式。

(3) 以电话 A 为主叫用户，电话 B 为被叫用户为例，分别接上电话单机。

(4) 主叫方摘机，平台上的“电话 A”指示灯亮，拨号呼叫被叫电话 B，拨电话号码“49”，被叫方振铃，被叫方听到振铃信号后摘机，“电话 B”指示灯亮，此时双方均摘机但话路无通路。

(5) 用铆孔连接线将 1VT 和 2VR、1VR 和 2VT 连接起来，这样主叫与被叫通信线路已经建立起来，随后用实验证明人工话路交换是否建立成功。

(6) 当上述两路用户通信结束后，任意一方先挂机后，对应一路的指示灯灭，另一方再挂机。两话路均挂机后，拆掉铆孔连接线。

注：本平台上的人工交换主要指信息的人工交换连接，其信令过程还是自动完成的。

五、实验报告要求

写出模拟人工话务台每一步的操作过程，简述人工交换的工作原理。

第十一章 信令交换与信息交换

实验十一　空分交换(MT8816)实验

一、实验目的

掌握程控空分交换网络的基本原理。

二、实验器材

(1) 小电话单机 4 部。
(2) 现代交换技术实验箱 1 台。
(3) 示波器 1 台。

三、实验原理

空分交换(MT8816)实验系统是由 4 路模拟电话用户线接口电路、空分交换网络、交换网络控制电路、液晶显示和供电系统电路等组成，它们构成一个程控模拟交换机。该实验系统的交换网络结构方框图如图 11-1 所示。

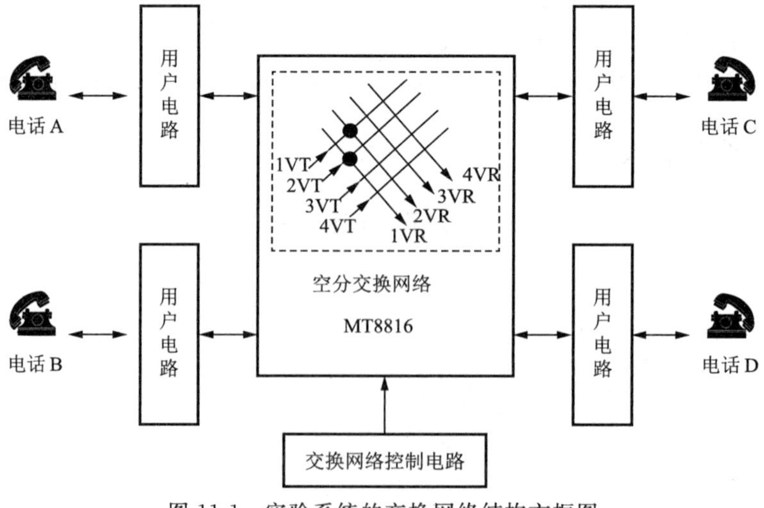

图 11-1　实验系统的交换网络结构方框图

电话用户电路在前面实验中已做详细的介绍，这里不再重复。空分交换网络采用一片8线×16信道模拟交换矩阵MT8816芯片，该芯片的使用说明将在后面开发实验中详细介绍。交换网络控制器由U103等器件构成，U103中写有控制MT8816芯片的交换控制子程序及地址接续表，根据电话用户的呼叫情况，控制模拟交换矩阵对应的交叉点，使其闭合，即完成模拟语音信号的空分交换。图11-1中的交换矩阵交叉闭合点即表示电话A与电话B接通。

四、实验内容与步骤

1. 实验内容

利用空分交换网络进行两部电话单机通话，记录工作过程。

2. 实验步骤

(1) 在关电情况下，插上电话B接口模块，跳线开关K301置于K1-2，交换网络接口插上空分MT8816交换模块。

(2) 打开实验箱右侧的总电源开关，电源指示灯亮，系统开始工作。

(3) 通过薄膜开关将交换工作方式设置为“空分MT8816”，开始实验。

(4) 以电话A、电话B为例，分别接上电话单机。

(5) 4路模拟电话用户的发话测试点如下。

1VT：电话A发话测试点。

2VT：电话B发话测试点。

3VT：电话C发话测试点。

4VT：电话D发话测试点。

4路模拟电话用户的收话测试点如下。

1VR：电话A收话测试点。

2VR：电话B收话测试点。

3VR：电话C收话测试点。

4VR：电话D收话测试点。

(6) 示波器同时测试1VT，2VR两点或2VT，1VR两点是否有波形，观察按键或说话时波形是否变化。

(7) 示波器两探头放在1VT，2VR两点上。电话A摘机，拨号“49”，同时观察示波器的哪个探头能测到波形。

(8) 两路电话用户间的正常通话。按键或说话，同时观察示波器的哪个探头能测到波形，波形是否一样。

(9) 更换其他电话呼叫组合，根据步骤(5)中列出的测量点，验证空分交换网络MT8816的工作情况。

五、实验报告要求

(1) 简述空分交换电路接续过程，并简述正常呼叫的操作步骤。

(2) 按照图 11-1 中模拟交换矩阵示例，画出其他电话间空分交换的连接示意图。

实验十二　时分交换(MT8980)实验

一、实验目的

(1) 掌握程控时分交换网络的基本原理。
(2) 了解 MT8980 芯片的工作原理和使用方法。

二、实验器材

(1) 小电话单机 4 部。
(2) 现代交换技术实验箱 1 台。
(3) 示波器 1 台。

三、实验原理

本节时分交换采用 MT8980 芯片，通过软件编程实现。时分交换(MT8980)实验系统是由 4 路数字电话用户线接口电路、时分交换网络、交换网络控制电路、液晶显示和供电系统电路等组成，它们构成一个程控数字交换机。该实验系统的交换网络结构方框图如图 11-2 所示。

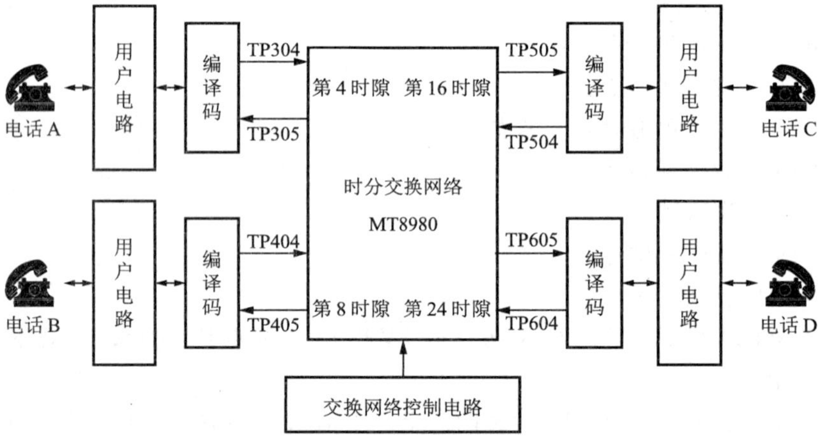

图 11-2　实验系统的交换网络结构方框图

数字电话用户线接口电路包括模拟电话接口电路和 PCM 编译码电路，前面实验都已做了详细介绍。时分交换网络采用一片 8 线×32 信道数字交换专用芯片 MT8980，它内部包含串并变换器，数据存储器、帧计数器、控制接口电路、接续存储器、控制寄存器、输出复用电路及并串变换器等功能单元。输入和输出均连接 8 条 PCM 基群 30/32 路数据线，在控制信号作用下，可实现 240/256 路数字语音或数据的无阻塞数字交换，该芯片的使用说明将在后面开发实验中详细介绍。交换网络控制器由 U103 等器件构成，U103 中写有控制 MT8980 的交换控制子程序及时隙搬移地址表，根据电话用户的呼叫情况，将一方发送的

PCM 基群上的某个时隙数据搬移到对方接收的 PCM 基群的某个时隙上，即完成数据的时分交换。图 11-3 所示为 PCM 基群中一帧数据的示意图。MT8980 进行时分交换时采用的是顺序读入、控制读出的 T 交换单元，4 路话路的 PCM 数据按顺序读入芯片内部的数据存储器中，在呼叫建立阶段，根据呼叫命令，为每路 PCM 数据选定一个输出时隙，这样维持不变直到通话结束。

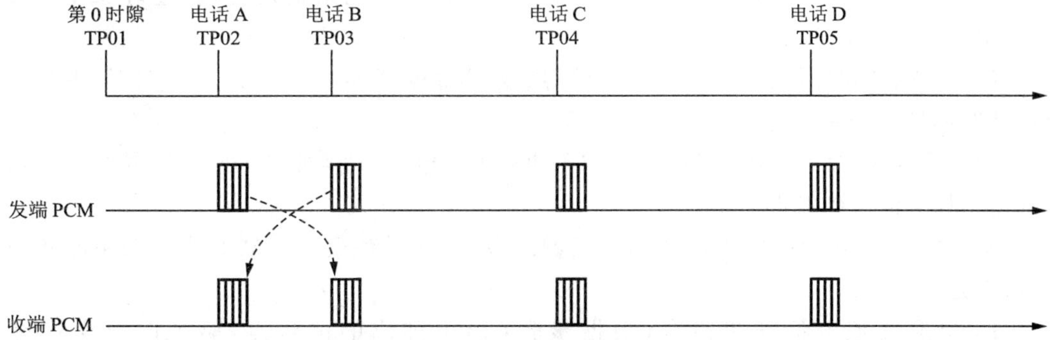

图 11-3 时分交换中数据搬移示意图

电话 A、电话 B、电话 C 和电话 D 的 PCM 编码数据数率为 2.048 Mbit/s，各自的发送和接收默认时隙相同，分别为第 4 时隙（TP02）、第 8 时隙（TP03）、第 16 时隙（TP04）和第 24 时隙（TP05）。参考第 0 时隙为 TP01（负向脉冲），发送的 PCM 数据流在 TP304，TP404，TP504 和 TP604 均可测试，接收的 PCM 数据流在 TP305、TP405、TP505 和 TP605 均可测试。

注意：交换方式应选择“时分 MT8980”。在实际交换中，接收到的 PCM 数据流将比发送的 PCM 数据流延迟一帧时间，测试波形时请注意观察。

四、实验内容与步骤

1. 实验内容

理解时分交换原理，利用时分交换网络进行两部电话单机通话，记录工作过程。

2. 实验步骤

(1) 在关电情况下，插上电话 B 接口模块，跳线开关 K301，K501 置于 K1-2，交换网络接口插上时分 MT8980 交换模块。

(2) 打开实验箱右侧的总电源开关，电源指示灯亮，系统开始工作。

(3) 通过薄膜开关将交换工作方式设置为“时分 MT8980”，开始实验。

(4) 以电话 A、电话 B 为例，分别接上电话单机。

(5) 4 路数字电话用户的 PCM 编码输出测试点如下。

TP304：电话 A 的 PCM 编码输出测试点，同步时隙脉冲测试点 TP02。

TP404：电话 B 的 PCM 编码输出测试点，同步时隙脉冲测试点 TP03。

TP504：电话 C 的 PCM 编码输出测试点，同步时隙脉冲测试点 TP04。

TP604：电话 D 的 PCM 编码输出测试点，同步时隙脉冲测试点 TP05。

4 路数字电话用户的 PCM 译码输入测试点如下。

TP305：电话 A 的 PCM 译码输入测试点，同步时隙脉冲测试点 TP02。

TP405：电话 B 的 PCM 译码输入测试点，同步时隙脉冲测试点 TP03。

TP505：电话 C 的 PCM 译码输入测试点，同步时隙脉冲测试点 TP04。

TP605：电话 D 的 PCM 译码输入测试点，同步时隙脉冲测试点 TP05。

注意：每个 PCM 收、发测试点测得的波形已是时分复用后的波形，测量时注意对比各路 PCM 数据输出的同步时隙脉冲。

（6）示波器同时测试 TP304，TP405 两点或 TP305，TP404 两点是否有波形，观察按键或说话时波形是否有变化。

（7）示波器两探头放在 TP304，TP405 两点上。电话 A 摘机，拨号“49”，同时观察示波器的哪个探头能测到波形。

（8）两路电话用户间的正常通话。按键或说话，同时观察示波器的哪个探头能测到波形，波形是否一样。

（9）更换其他电话呼叫组合，根据步骤（5）中列出的测量点，验证时分交换网络 MT8980 的工作情况。

（10）测试波形时，注意时隙脉冲与数据的时隙位置对比、时隙脉冲与时隙脉冲的位置对比、数据与数据的对比。

五、实验报告要求

（1）简述时分交换原理，并与空分交换进行比较，指出它们之间的差别。

（2）根据图 11-3，结合 T 单元的控制原理，画出其他电话呼叫组合的数据搬移示意图，并分析工作过程。

实验十三　时分交换(CPLD)实验

一、实验目的

（1）掌握时分交换 T 型接线器的工作原理。

（2）理解时分复用原理。

（3）理解用 CPLD 完成时分复用、帧同步提取、时分交换、时分解复用。

二、实验器材

（1）小电话单机 4 部。

（2）现代交换技术实验箱 1 台。

（3）示波器 1 台。

三、实验原理

本节时分交换采用 CPLD，通过软件编程实现。时分交换（CPLD）实验系统是由 4 路数字电话用户线接口电路、时分交换网络、交换网络控制电路、液晶显示和供电系统电路等组成，它们构成一个程控数字交换机。该实验系统的交换网络结构方框图如图 11-4 所示。

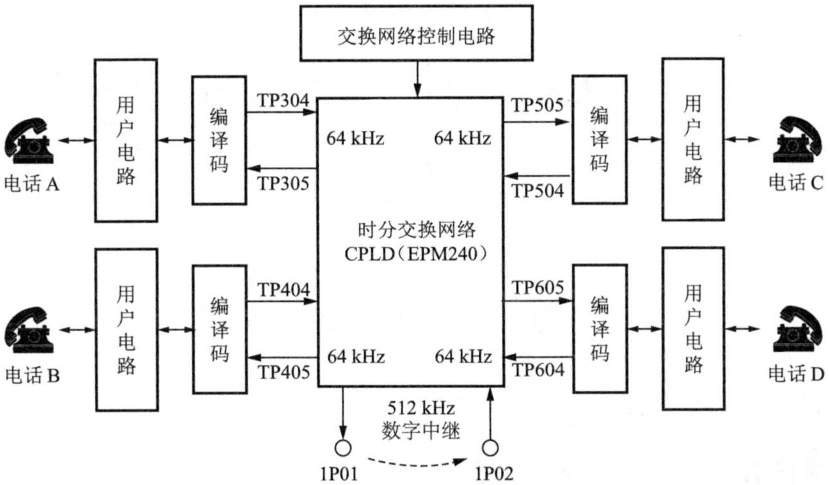

图 11-4 实验系统的交换网络结构方框图

时分交换网络采用一片可编程逻辑器件 EPM240 芯片编程实现，它内部包含码速调整器、串并变换器、数据存储器、帧计数器、控制接口电路、接续存储器、控制寄存器、输出复用电路及并串变换器、交换控制等功能单元。输入和输出均是 64 kbit/s 的 PCM 编码数据，速率提高并时分复用后，在交换网络控制器控制信号的作用下，可实现本实验系统中 4 路数字语音或数据的无阻塞数字交换。

1. 发端

可编程逻辑器件 CPLD 可以将多路低速数据复接成一帧高速数据，复接数据速率为 512 kbit/s。复接后的帧结构可自定义，复接后的数据帧见表 11-1。

表 11-1 复接后的数据帧

帧 头	PCM1	PCM2	PCM3	PCM4	信 令	备 用	备 用

注：帧头：7EH，用于接收端帧同步提取。

PCM1～PCM4：4 路电话的 PCM 编码数据，速率为 64 kbit/s。

信令：出局端的交换命令，用于收端进行时分交换。

备用：空闲。

2. 收端

可编程逻辑器件 CPLD 对接收的数据首先进行帧定位，然后取出 4 路 PCM 数据和信令，根据信令进行时分交换。

3. CPLD 内部功能

CPLD 内部功能方框图如图 11-5 所示。

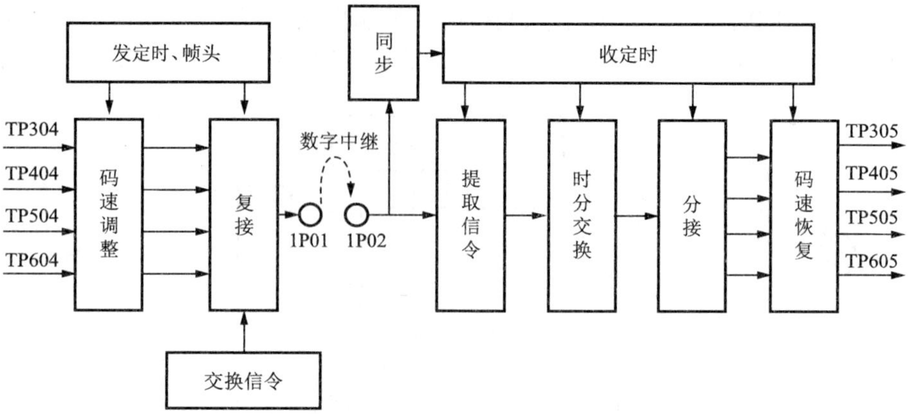

图 11-5　CPLD 内部功能方框图

四、实验内容与步骤

1. 实验内容

用 CPLD 完成时分复用、帧同步提取、时分交换、时分解复用。

2. 实验步骤

(1) 在关电情况下，插上电话 B 接口模块，跳线开关 K301，K501 置于 K1-2，交换网络接口插上时分 CPLD 交换模块。

(2) 用铆孔连接线连接 1P01，1P02。

(3) 打开实验箱右侧的总电源开关，电源指示灯亮，系统开始工作。

(4) 通过薄膜开关将交换工作方式设置为"时分 CPLD"，开始实验。

(5) 以电话 A、电话 B 为例，分别接上电话单机。

(6) 4 路数字电话用户的 PCM 编码输出测试点如下。

TP304：电话 A 的 PCM 编码输出测试点，同步时隙脉冲测试点 TP02。

TP404：电话 B 的 PCM 编码输出测试点，同步时隙脉冲测试点 TP03。

TP504：电话 C 的 PCM 编码输出测试点，同步时隙脉冲测试点 TP04。

TP604：电话 D 的 PCM 编码输出测试点，同步时隙脉冲测试点 TP05。

4 路数字电话用户的 PCM 译码输入测试点如下。

TP305：电话 A 的 PCM 译码输入测试点，同步时隙脉冲测试点 TP02。

TP405：电话 B 的 PCM 译码输入测试点，同步时隙脉冲测试点 TP03。

TP505：电话 C 的 PCM 译码输入测试点，同步时隙脉冲测试点 TP04。

TP605：电话 D 的 PCM 译码输入测试点，同步时隙脉冲测试点 TP05。

(7) 示波器同时测试 TP304，TP405 两点或 TP305，TP404 两点是否有波形，观察按键或说话时波形是否有变化。

(8) 示波器两探头放在 TP304，TP405 两点上。电话 A 摘机，拨号"49"，同时观察示波器的哪个探头能测到波形。

(9) 两路电话用户间的正常通话。按键或说话，同时观察示波器的哪个探头能测到波形，波形是否一样。

(10) 测试1P01点波形，寻找帧头数据及其他4路PCM编码数据，验证表11-1。

(11) 更换其他电话呼叫组合，根据步骤(6)中列出的测量点，验证时分交换网络CPLD的工作情况。

(12) 因用户电话输出PCM编码速率为64 kbit/s，一帧中只能容纳一路PCM数据，所以各路PCM编码输出同步时隙脉冲位置一样。测试数据波形时，注意时隙脉冲与数据的时隙位置对比、时隙脉冲与时隙脉冲的位置对比、数据与数据的对比。

五、实验报告要求

(1) 简述CPLD时分交换方式的工作原理。

(2) 简述电话A、电话B的CPLD时分交换操作步骤，并说明主要测量点的信号波形及特点。

实验十四 时分交换(DSP)实验

一、实验目的

(1) 掌握时分交换T型接线器的工作原理。

(2) 理解时分复用原理。

(3) 了解DSP缓冲串口TDM的配置和DMA的工作方式。

二、实验器材

(1) 小电话单机4部。

(2) 现代交换技术实验箱1台。

(3) 示波器1台。

三、实验原理

本节时分交换采用DSP芯片，通过软件编程实现。时分交换(DSP)实验系统由4路数字电话用户线接口电路、时分交换网络、交换网络控制电路、液晶显示和供电系统电路等组成，它们构成一个程控数字交换机。该实验系统的交换网络结构方框图如图11-6所示。

时分交换网络主要由数字信号处理芯片TMS320VC5402构成，TMS320VC5402有两个缓冲串口，可以配置成标准E1接口的时分复用方式(TDM)。当缓冲串口数据的存取工作为DMA方式时，输入码流的32个时隙(信道)数据能自动顺序保存到指定的数据空间，CPU将顺序输入的32个信道数据根据呼叫交换命令控制输出到DMA缓冲区，从而完成时分交换功能。

本系统中有4个电话用户，在进行DSP时分交换实验选项时，4个用户各自对应的PCM编码数据输出的时隙分别为：电话A用户在第4时隙，电话B用户在第8时隙，电话C用户在第16时隙，电话D用户在第24时隙。本实验系统的DSP缓冲串口0工作于TDM

方式，用 DMA 进行数据收发，缓冲串口的时钟和帧置于从动方式。发送码流由 BDX0 输出(3TP02)，接收码流进入 BDR0(3TP03)。时分交换中数据搬移示意图如图 11-7 所示。

注意：交换方式应选择“时分 DSP”。在实际交换中，接收到的 PCM 数据流将比发送的 PCM 数据流延迟一帧时间，测试波形时请注意观察。

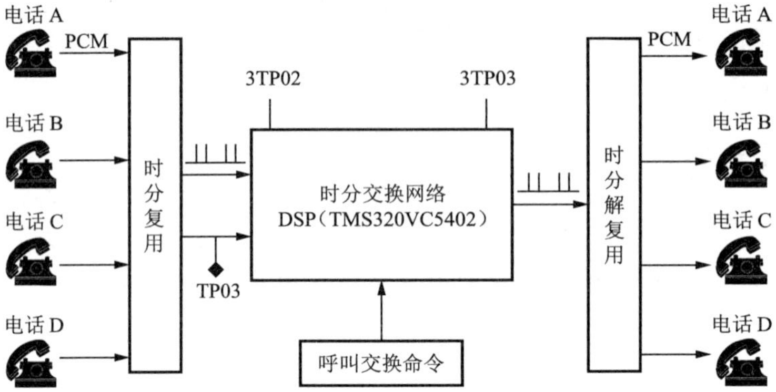

图 11-6　实验系统的交换网络结构方框图

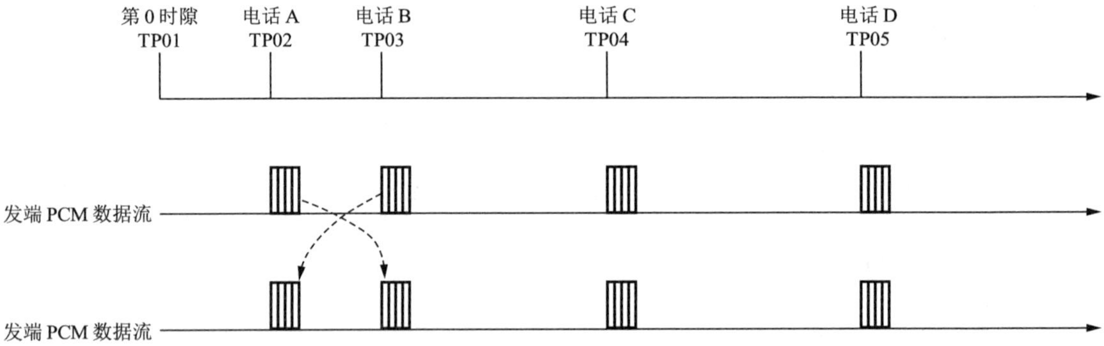

图 11-7　时分交换中数据搬移示意图

四、实验内容与步骤

1. 实验内容

基于 DSP 芯片 TMS320VC5402，通过软件编程实现 4 路数字电话的时隙交换。

2. 实验步骤

(1) 在关电情况下，插上电话 B 接口模块，跳线开关 K301，K501 置于 K1-2，交换网络接口插上时分 DSP 交换模块。

(2) 打开实验箱右侧的总电源开关，电源指示灯亮，系统开始工作。

(3) 通过薄膜开关将交换工作方式设置为“时分 DSP”，开始实验。

(4) 以电话 A、电话 B 为例，分别接上电话单机。

(5) 4 路数字电话用户的 PCM 编码输出测试点如下。

TP304：电话 A 的 PCM 编码输出测试点，同步时隙脉冲测试点 TP02。

TP404：电话 B 的 PCM 编码输出测试点，同步时隙脉冲测试点 TP03。

TP504：电话 C 的 PCM 编码输出测试点，同步时隙脉冲测试点 TP04。

TP604：电话 D 的 PCM 编码输出测试点，同步时隙脉冲测试点 TP05。

4 路数字电话用户的 PCM 译码输入测试点如下。

TP305：电话 A 的 PCM 译码输入测试点，同步时隙脉冲测试点 TP02。

TP405：电话 B 的 PCM 译码输入测试点，同步时隙脉冲测试点 TP03。

TP505：电话 C 的 PCM 译码输入测试点，同步时隙脉冲测试点 TP04。

TP605：电话 D 的 PCM 译码输入测试点，同步时隙脉冲测试点 TP05。

(6) 示波器同时测试 TP304，TP405 两点或 TP305，TP404 两点是否有波形，观察按键或说话时波形是否有变化。

(7) 示波器两探头放在 TP304，TP405 两点上。电话 A 摘机，拨号“49”，同时观察示波器的哪个探头能测到波形。

(8) 两路电话用户间的正常通话。按键或说话，同时观察示波器的哪个探头能测到波形，波形是否一样。

(9) 更换其他电话呼叫组合，根据步骤(5)中列出的测量点，验证 DSP 时分交换网络的工作情况。

(10) 测试波形时，注意时隙脉冲与数据的时隙位置对比、时隙脉冲与时隙脉冲的位置对比、数据与数据的对比。

五、实验报告要求

(1) 简述 DSP 时分交换方式原理及实验操作步骤。

(2) 记录 TP04 和 3TP02 等测量点的波形，并确认输入码流中 4 路电话的 PCM 位置。

实验十五　数字时分中继自环通信实验

一、实验目的

通过时隙的改变和调整实验，进一步理解时分复用的概念。

二、实验器材

(1) 小电话单机 4 部。

(2) 现代交换技术实验箱 1 台。

(3) 示波器 1 台。

三、实验原理

本实验可根据用户设置改变各话路数据时分复用的时隙位置。如图 11-8 所示，4 个话路(即电话 A、电话 B，电话 C、电话 D 的 PCM 的编码数据)复用时隙的默认设置为 04，08，16，24，按“ENTER”键后可用示波器双踪通道同时观测 4TP01 和 TP01。通过测量这两点波形来观察 32 个时隙内的 4 个话路时隙重新分配的情况，其中 TP01 为 8 kHz 帧同步负向窄脉冲信号(第 0 时隙位置)，4TP01 为 4 个话路时隙重新分配后输出的波形，如图 11-9 所示。设置时，闪动的数字表示对应话路的时隙位置当前可设置，通过上下键可更改此数字。按“ENTER”键可更改下一话路的时隙位置或完成全部设置并输出时分复用波形。

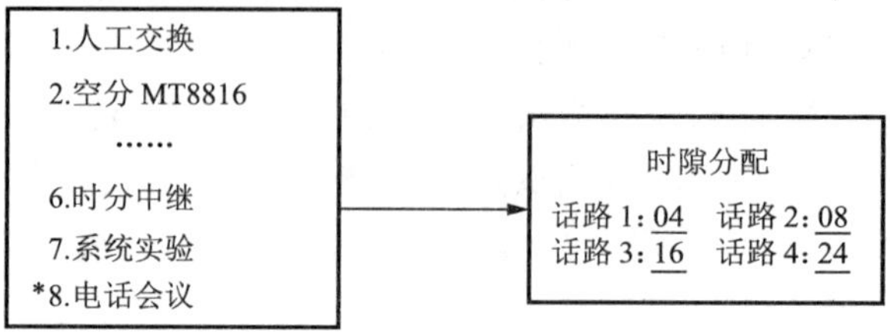

图 11-8　时隙分配初始化设置示意图

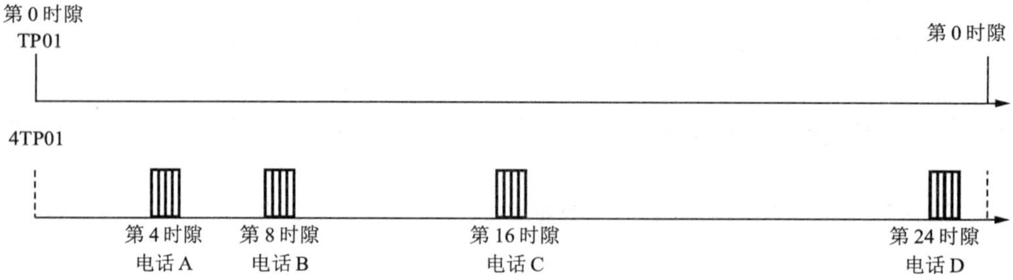

图 11-9　时隙分配初始化设置后输出波形图

本实验中，4 路电话用户数据原始输出时隙分别为 04，08，16，24。在“时分中继”工作方式中，将此 4 路电话用户数据都搬移到时分中继线上，可通过薄膜开关给每路电话用户重新分配复用时隙，观测 4TP01 测量点可得到重新分配复用时隙后输出的中继信号波形。因为本实验平台上只设置了 4 路电话，所以只能占有一帧 32 路信道中的 4 路信道位置，其他信道位置呈高阻状态输出。中继信号通过 4K01 开关后，返回 4TP02，根据呼叫交换信令将中继线上的用户数据再搬移到对方用户的接收时隙位置。这样，只要没有新的交换信令出现，时分交换网络一直维持这种数据搬移传输状态，从而达到数字交换的目的。数字时分中继的信号流程图如图 11-10 所示。

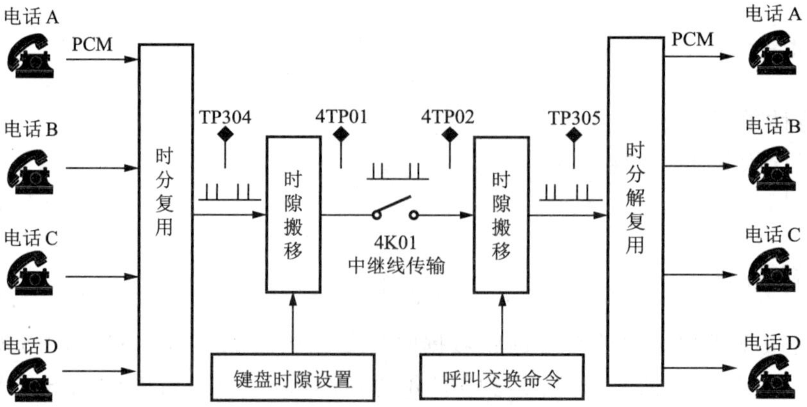

图 11-10　数字时分中继的信号流程图

四、实验内容与步骤

1. 实验内容

通过键盘给每路电话用户重新分配时隙，按新的设置进行时隙交换，观察输出波形。

2. 实验步骤

(1) 在关电情况下，插上电话B接口模块，跳线开关K301，K501置于K1-2，交换网络接口插上时分交换模块(MT8980)。

(2) 打开实验箱右侧的总电源开关，电源指示灯亮，系统开始工作。

(3) 通过薄膜开关将交换工作方式设置为“时分中继”，进入“时隙分配”界面。

(4) 以电话A、电话B为例，分别接上电话单机。

(5) 示波器一通道(触发)放在TP01上(帧同步负向窄脉冲，第0时隙)，另一通道分别测TP304，TP404，TP504，TP604上，记录中继前各路PCM数据的时隙位置。

(6) 通过上面介绍的时隙分配设置方法，分别按照图11-8、图11-9、图11-11～图11-16的示意图给每路用户电话分配其在中继线上的时隙位置，记录这些时隙数据并按“ENTER”键，测试4TP01中继线上的信号波形，观察各路数据复用时隙搬移情况。

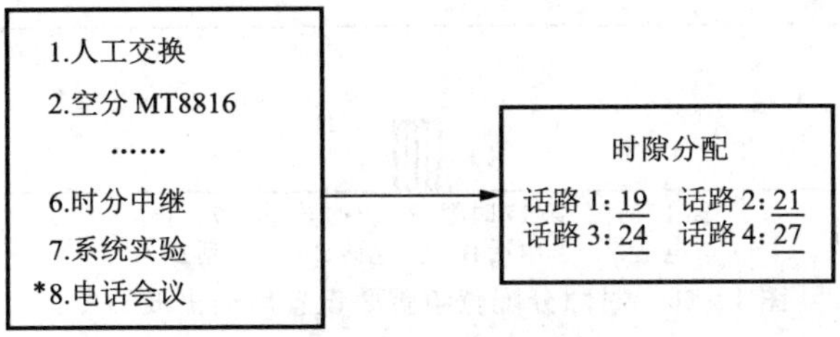

图11-11 时隙分配改变设置示意图

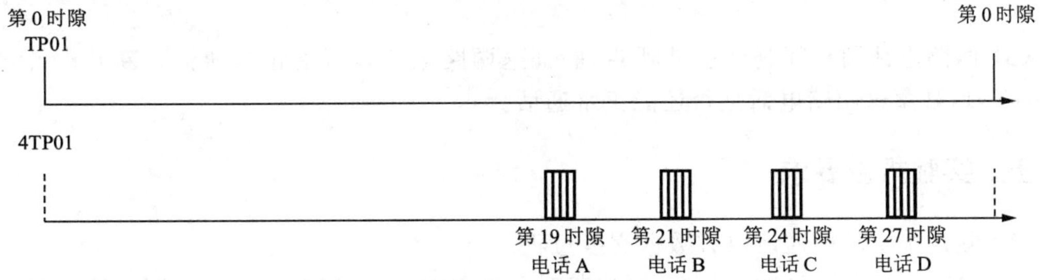

图11-12 时隙分配改变设置后输出波形图

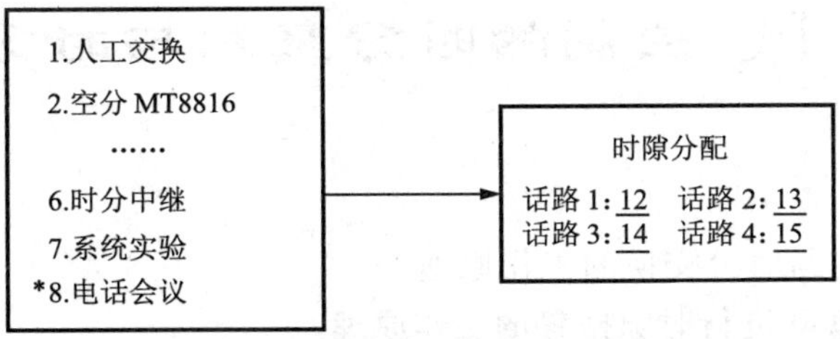

图11-13 时隙分配排队设置示意图

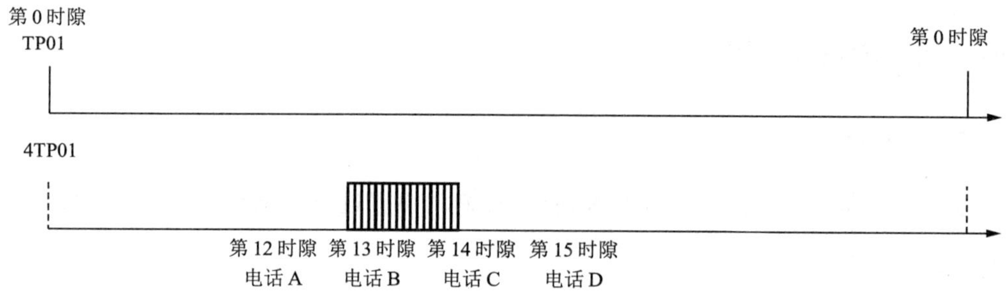

图 11-14　时隙分配排队设置后输出波形图

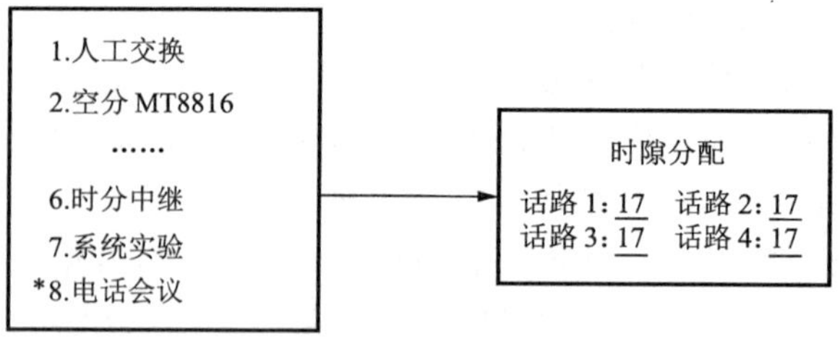

图 11-15　时隙分配竞争重叠设置示意图

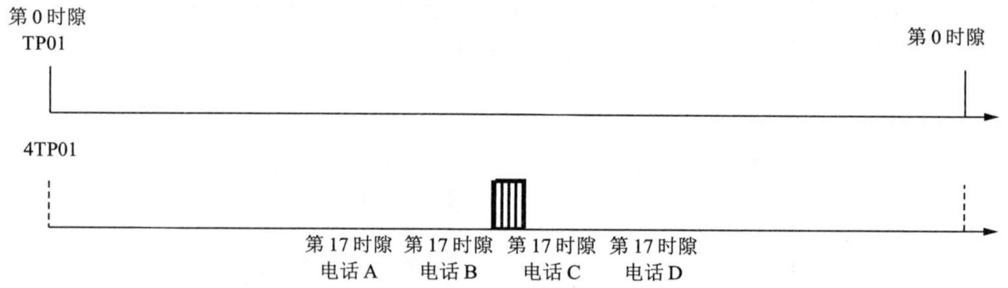

图 11-16　时隙分配竞争重叠设置后输出波形图

（7）对电话A单机讲话或按键，观察TP304和4TP01上对应时隙位置的数据是否有变化。

（8）两路电话用户间进行正常呼叫，验证这两路电话是否能正常通话。断开中继自环开关4K01，观察这两路电话是否还能正常通话。

五、实验报告要求

（1）叙述本实验中通话双方数据交换过程。

（2）更改各个话路的时隙位置，画出其时分复用波形，加深对时分复用概念的理解。

实验十六　PC控制的时分复用与时分交换实验

一、实验目的

（1）理解时分复用与时分交换的工作原理。

（2）理解用MT8980进行时隙搬移的工作原理。

二、实验器材

(1) 小电话单机 4 部,USB 接口线 1 根。

(2) 现代交换技术实验箱 1 台。

(3) 示波器 1 台。

三、实验原理

MT8980 内部有两种类型的寄存器,通过控制接续寄存器将不同输入码流的不同时隙输出到任一输出码流的时隙上,从而实现时分复用和时分交换。PC 控制的时分复用与时分交换实验可通过提供的 PC 软件配置各项参数来实现,也可通过 USB 下载配置参数,在实验箱上完成 PC 设置的实时通信功能。时隙配置可分为复用时隙配置与交换时隙配置两部分(图 11-17):

(1) 复用时隙配置是将各路电话的 PCM 配置到中继线上,可通过滚动条或直接输入时隙来设置,设置完后按"复用确认"即可将配置参数下载到实验箱,用示波器测 4TP01 可观测到实际的波形。

(2) 交换时隙配置是将复用线上的 PCM 交换到不同用户,配置方法基本同上,配置完成后按"交换确认"键即可实现交换。

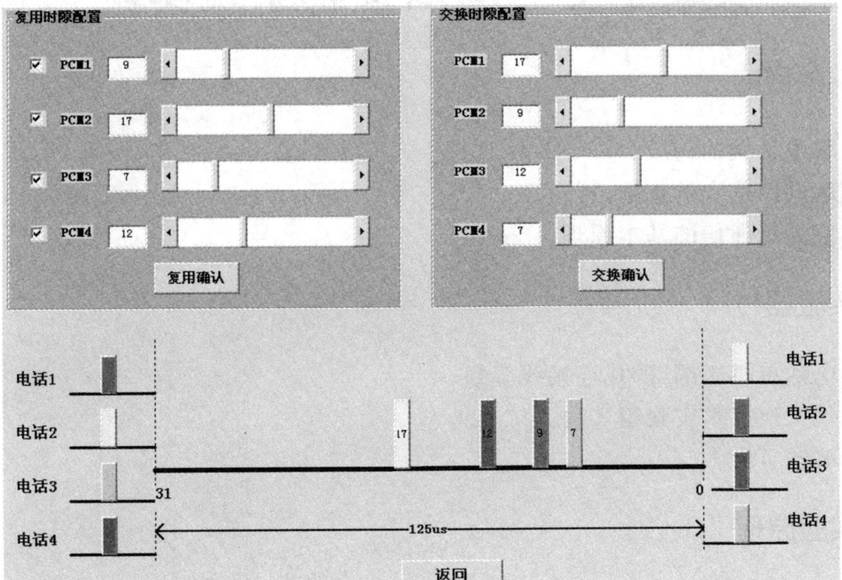

图 11-17　两台实验箱实现中继通信接口框图

四、实验内容与步骤

1. 实验内容

利用 PC 控制时隙配置,按照新的配置进行时分复用与时分交换。

2. 实验步骤

(1) 在关电情况下，跳线开关 K301，K501 置于 K1-2，交换网络接口处插时分 MT8980 交换模块。

(2) 打开实验箱右侧的总电源开关，电源指示灯亮，系统开始工作。

(3) 用 USB 线连接 PC 与实验箱。

(4) 配置复用时隙，按“复用确认”键。

(5) 用示波器观测 4TP01，确认配置是否成功。

(6) 配置交换时隙，按“交换确认”键。

(7) 用电话机验证期望的交换。

(8) 将第 2，3，4 路电话的交换配置时隙设成同一个 PCM 时隙，如用户 1 的时隙，确认此时实验箱实现的功能。

五、实验报告

(1) 根据 MT8980 原理，简述复用配置与交换配置实现的方法。

(2) 说明实验步骤(8)实现的功能及实现方法。

实验十七　局间交换系统实验

一、实验目的

(1) 了解电话网的构成。

(2) 理解共路信令的作用。

(3) 了解光纤通信的基本原理。

二、实验器材

(1) 小电话单机 4 部，铆孔连接线 2 根。

(2) 现代交换技术实验箱 1 台。

(3) 示波器 1 台。

三、实验原理

每个实验箱可作为一个交换局，两个局间可通过光缆连接进行远距离通信，其原理是：一个实验箱 4 个用户的发送 PCM 经时分 CPLD 采集后进行复接，加上帧头、信令后组成一帧，帧频为 8 kHz，复接后的编码速率由一帧中的时隙数决定，本系统一帧中安排了 8 个时隙(帧头、PCM1、PCM2、PCM3、PCM4、空、空、信令)，因此编码速率为 512 kbit/s(CPLD 的编程采用标准 E1)。数据帧中的信令时隙用来传送摘挂机、呼叫、接续控制命令，两个局任意电话间的呼叫接续数据都在同一个信令时隙中传输，因此这种传输信令的方式称为共路信令。成帧后的数据经光端机调制光缆传输后到收端局，收端局光端机解调后的数据经

CPLD 帧同步和位同步后根据信令进行路由交换，从而完成局间通信。如图 11-18 所示，本实验系统中的两台实验箱是通过光缆连接通信的。实验箱中的 4 路电话用户的语音数据经时分复用后，通过收发一体化数字光端机和光缆传输出去。如图 11-19 所示，每台实验箱需选配一体化数字光端机一个、单模尾纤一根，交换网络选择时分 CPLD 模块。

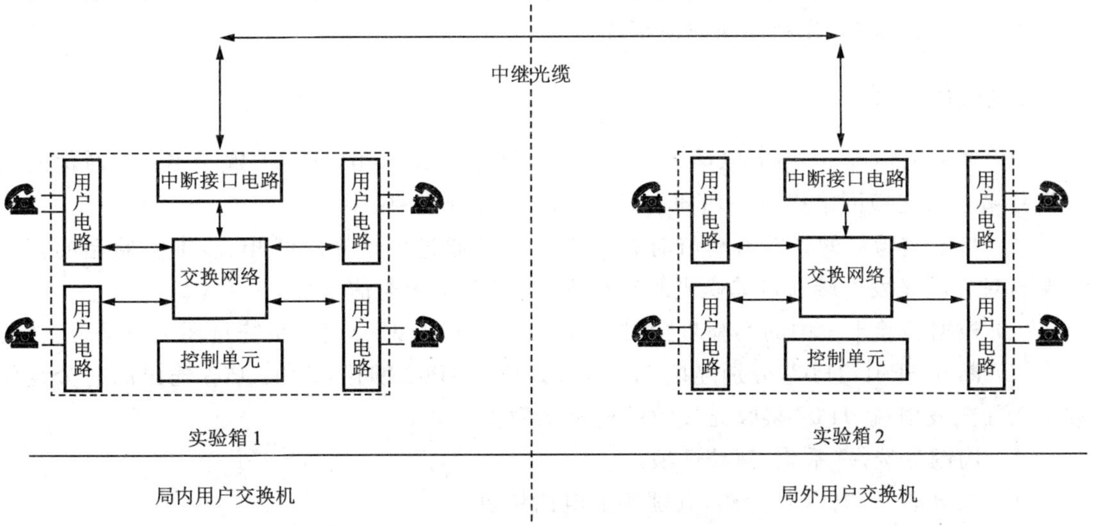

图 11-18　两台实验箱实现中继通信接口框图

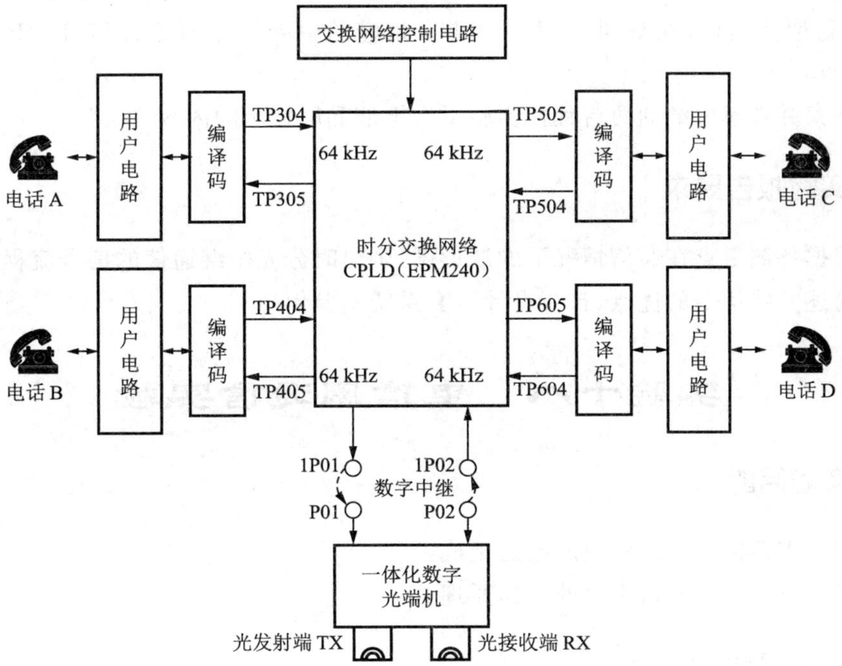

图 11-19　本地光中继接口通信连接示意图

中继通信拨号方式为“0”+“被叫号码”，其中“0”表示对方电话局局号(在本实验当中，所有电话用户都有出局权限)。

四、实验内容与步骤

1. 实验内容

每个实验箱可作为一个交换局，实验箱选用“时分 CPLD”交换模块，两个局间通过光缆连接进行远距离通信，模拟局间交换系统。

2. 实验步骤

(1) 在关电情况下，插上电话 B 接口模块，跳线开关 K301，K501 置于 K1-2，通信的两台实验箱上的交换网络接口处均插上时分 CPLD 交换模块。

(2) 将本实验箱的光发射端与对方的光接收端通过单模光跳线相连，本实验箱的光接收端与对方的光发射端通过单模光跳线相连，构成双工光通信系统。

(3) 根据实验十三中的实验步骤，先调试验证 CPLD 时分交换系统自环工作是否正常。

(4) 断开 1P01，1P02，分别连接 1P01，P01，P02，1P02 铆孔，即将 1P01 输出的时分复用数据送往光发射端，1P02 接收光接收端送来的数据。

(5) 用键盘选择“系统实验”选项。

(6) 以电话 A、电话 B 为例，分别接上电话单机。

(7) 主叫用户(如实验箱一，电话 A)摘机后，听到拨号音时，先拨出中继号码“0”，然后再拨被叫用户的号码(实验箱二，电话 B)；当被叫用户摘机后，两台实验箱的两用户通信已建立，可进行通话实验，在被叫方用户中测量相应的中继信号的语音信号(1P01 中继发、1P02 中继收)。

(8) 观察并理解中继的两台程控实验平台上液晶屏显示的内容。

五、实验报告要求

(1) 根据各测量点在通信情况下的波形图，画出时分光中继通信的信号流程图。

(2) 简述共路信令的优点，自行设计一套系统实验信令。

实验十八　电信网通信实验

一、实验目的

(1) 理解市话接口电路模块的电路组成。

(2) 掌握市话接口电路模块的工作原理。

二、实验器材

(1) 小电话单机 4 部，市话接口(选配)1 个，市话线若干。

(2) 现代交换技术实验箱 1 台。

(3) 示波器 1 台。

三、实验原理

本实验平台中第四路电话可更换为选配的市话接口模块，接上市话线后实验箱即成为接电信网的小型交换机。平台上的电话用户 A 可直接拨打外线电话，外线电话也可通过市话线转接平台上的其他 3 个用户，交换方式选用时分交换模块，如图 11-20 所示。

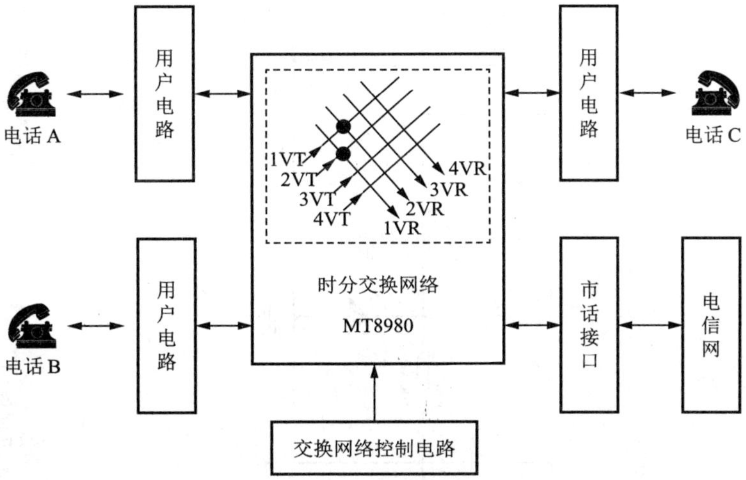

图 11-20 电信网通信结构示意图

如果外线来电呼叫，即送来铃流信号，铃流信号通过整流器、稳压器并反向后转换成低电平 DETD 信号(TP606)。信令处理器和记发器单元检测到 DETD 低电平信号即可判断有外线来电呼叫，延时一定时间(如 2 个回铃音周期)，信令处理器和记发器信号 CE (TP603)控制继电器接通下面的二/四线转换电路，电信局判断用户已摘机，即市话接通，市话线二线端测试点为 TP601 和 TP602。外线电话此时可拨叫分机用户号码("48""49""68")，双音多频信号经过 MT8870 检测后，若分机号码存在即发送交换命令数据给交换控制器 U103，完成语音信息的交换。

分机用户 A 呼叫外线电话时，拨叫一个转外线号码(如定义为"9"键)，信令处理器和记发器单元检测到分机用户拨外线需求后，信令处理器和记发器信号 CE 控制继电器接通下面的二/四线转换电路，且同时发送交换命令数据给交换控制器 U103，控制交换网络接通分机用户与市话接口端(4VT 与 4VR)，等待分机用户继续拨叫外线号码。

市话接口模块工作原理框图如图 11-21 所示。

四、实验内容与步骤

1. 实验内容

基于实验箱交换功能的市话通信。

2. 实验步骤

(1) 在关电情况下，跳线开关 K301，K501 置于 K1-2，交换网络接口处插上时分交换

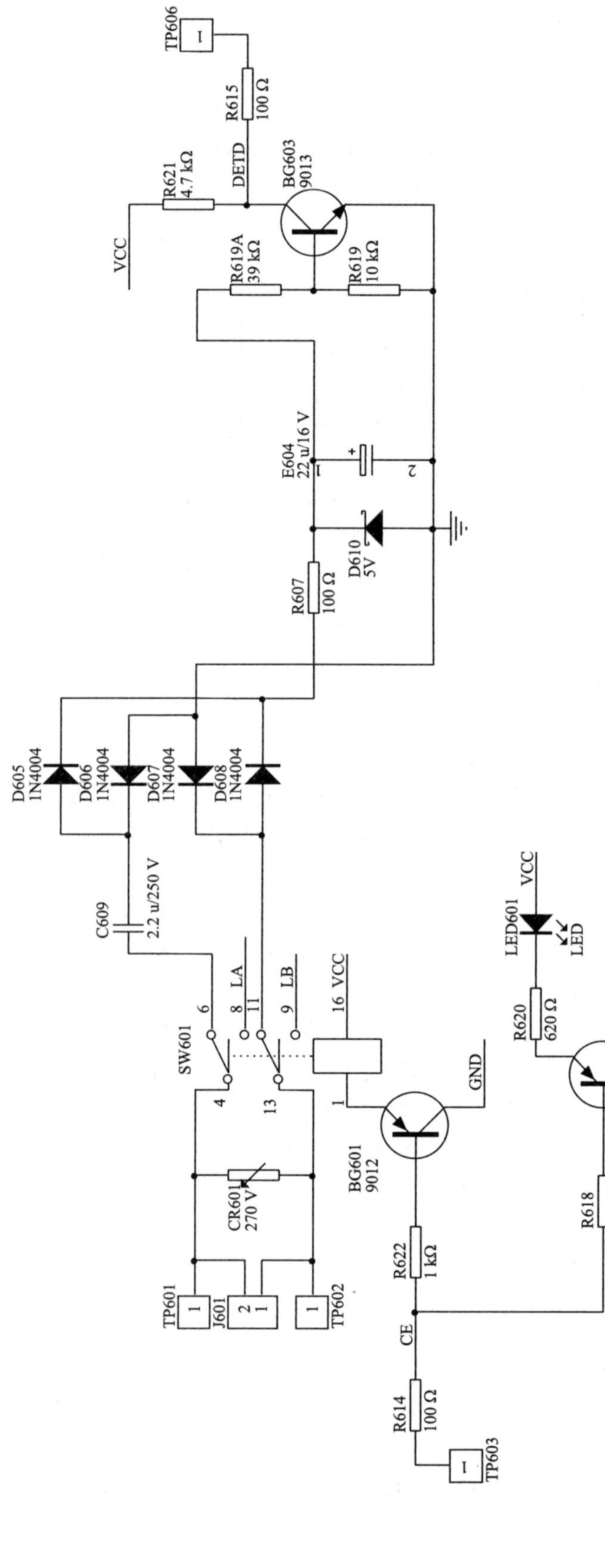

图 11-21　市话接口模块工作原理框图

MT8980 交换模块，电话 D 和市话接口插上市话模块。

（2）打开实验箱右侧的总电源开关，电源指示灯亮，系统开始工作。

（3）通过薄膜开关将工作方式设置为“时分 MT8980”，开始实验。

（4）以电话 A 为例，接上电话单机，市话接口接上市话线。

（5）呼出：电话 A 拨“9”，向系统发出接外线请求，瞬间停顿待听筒中听到拨号音后，拨需呼叫的外线号码。此过程中注意测试市话接口模块 TP603 的电平变化，并思考其工作原理。因为此实验系统中市话资源只有一个，所以有用户占用后，其他用户摘机听到忙音。

（6）呼入：市话用户拨叫市话接口线号码，等待少许时间后即可听到拨号音，继续拨叫实验系统中分机号码（“48”“49”“68”）。此过程中注意市话接口模块 TP606，TP603 等控制信号的电平变化，并思考其工作原理。

（7）正常通信过程中，观测市话接口去话和来话的语音信号波形（4VT，4VR）。

注意：若要观测市话接口二线端 TP601，TP602 的波形，需注意示波器探头地线的连接方法，实验二中已经叙述。

五、实验报告要求

根据市话呼出、呼入测试，详细叙述市话接口电路连接、工作原理和控制流程图。

附　录

附录一　主控 & 信号源模块介绍

一、按键及接口

主控 & 信号源模块的按键及接口说明如图 F-1 所示。

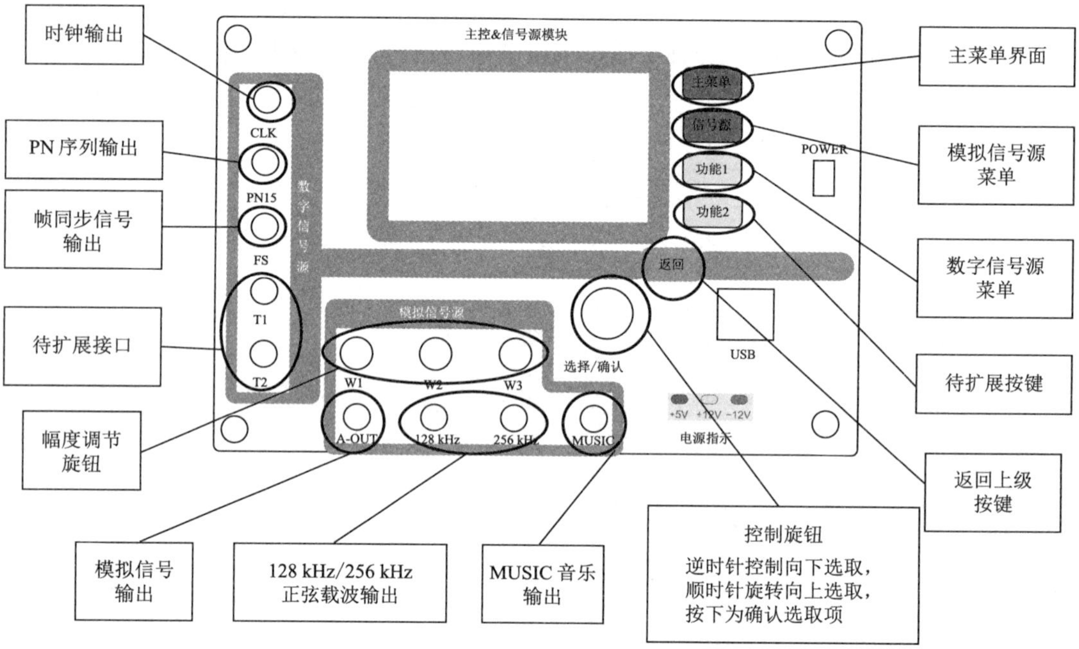

图 F-1　主控 & 信号源按键及接口说明

二、功能说明

该模块可以完成以下 5 种功能的设置，具体设置方法如下。

1. 模拟信号源功能

模拟信号源菜单由“信号源”按键进入，该菜单下按“选择/确定”键可以依次设置：“输出波形”“输出频率”“调节步进”“音乐输出”“占空比”（只有在输出方波模式下才出现）。在设置状态下，按“选择/确定”就可以设置参数了。模拟信号源菜单如图 F-2 所示。

模拟信号源
输出波形：正弦波
输出频率：0001.00 kHz
调节步进：10 Hz
音乐输出：音乐 1

（a）输出正弦波时没有占空比选项

模拟信号源
输出波形：方波
输出频率：0001.00 kHz
调节步进：10 Hz
音乐输出：音乐 1
占空比：50%

（b）输出方波时有占空比选项

图 F-2　模拟信号源菜单示意图

注意：上述设置是有顺序的。例如，从“输出波形”设置切换到“音乐输出”需要按 3 次“选择/确定”键。

1）“输出波形”设置

一共有 6 种波形可以选择，如下所示。

正弦波：输出频率为 10 Hz～2 MHz。

方波：输出频率为 10 Hz～200 kHz。

三角波：输出频率为 10 Hz～200 kHz。

DSBFC（全载波双边带调幅）：由正弦波作为载波，音乐信号作为调制信号，输出全载波双边带调幅。

DSBSC（抑制载波双边带调幅）：由正弦波作为载波，音乐信号作为调制信号，输出抑制载波双边带调幅。

FM：载波频率固定为 20 kHz，音乐信号作为调制信号。

2）“输出频率”设置

顺时针旋转“选择/确定”增大频率，逆时针旋转减小频率。频率增大或减小的步进值通过“调节步进”参数来设置。

在“输出波形”选择 DSBFC 和 DSBSC 时，设置的是调幅信号载波的频率；在“输出波形”选择 FM 时，设置频率对输出信号无影响。

3）“调节步进”设置

顺时针旋转“选择/确定”增大步进，逆时针旋转减小步进。步进分为“10 Hz”“100 Hz”“1 kHz”“10 kHz”“100 kHz”5 挡。

4）“音乐输出”设置

设置“MUSIC”端口输出信号的类型，有“音乐 1”“音乐 2”“3K＋1K 正弦波”3 种。

5）“占空比”设置

顺时针旋转“选择/确定”增大占空比，逆时针旋转减小占空比。占空比调节范围为 10%～90%，以 10%为步进调节。

2. 数字信号源功能

数字信号源菜单由“功能 1”按键进入，该菜单下按“选择/确定”键可以设置“PN 输出频率”和“FS 输出”。数字信号源菜单如图 F-3 所示。

1）“PN 输出频率”设置

设置“CLK”端口的频率及“PN15”端口的码速率。“CLK”端口的频率范围为 1～2 048 kHz。

2）“FS 输出”设置

设置“FS”端口帧同步信号输出模式。

模式 1：帧同步信号保持 8 kHz 的周期不变，帧同步的脉宽为 CLK 的 1 个时钟周期（要求“PN 输出频率”不小于 16 kHz，主要用于 PCM，ADPCM 编译码帧同步及时分复用实验）。

数字信号源
PN 输出频率：4K
FS 输出：模式 1

图 F-3　数字信号源菜单

模式 2：帧同步的周期为 8 个 CLK 时钟周期，帧同步的脉宽为 CLK 的 1 个时钟周期（主要用于汉明码编译码实验）。

模式 3：帧同步的周期为 15 个 CLK 时钟周期，帧同步的脉宽为 CLK 的 1 个时钟周期（主要用于 BCH 码编译码实验）。

3. 通信原理实验菜单功能

选择“主菜单”键后的第一个选项“通信原理实验”，进入各实验菜单，如图 F-4 所示。

主菜单
1.通信原理实验
2.模块设置
3.系统升级

（a）主菜单

通信原理实验
1.抽样定理
2.PCM 编码
3.ADPCM 编码
4.Δm 及 CVSD 编译码
5.ASK 数字调制解调
6.FSK 数字调制解调

（b）进入通信原理实验菜单

图 F-4　设置为“通信原理实验”

进入“通信原理实验”菜单后，逆时针旋转“选择/确认”光标向下移动，顺时针旋转光标向上移动，按下“选择/确认”键，设置光标所在实验的功能。有下级菜单的实验跳转到下级菜单，没有下级菜单的实验会在实验名称前标记“√”符号。

选中某个实验后，主控模块会向实验所涉及的模块发命令，因此需要涉及的模块开启电源，否则，设置会失败。实验具体需要哪些模块在对应实验步骤中均有说明，详见具体实验。

三、注意事项

（1）实验开始时要将所需模块固定在实验箱上，并确认接触良好，否则菜单无法设置成功。

（2）模拟信号源设置中，输出步进可调节，便于不同频率变化调节。

附录二 液晶显示驱动模块 HD44780 指令集介绍

HD44780 有 8 条指令及 3 条数据读(写)格式,见表 F-1。

表 F-1 HD44780 指令集

指令名称	控制信号		指令代码								运行时间	功 能
	RS	$R/\overline{W}$	D_7	D_6	D_5	D_4	D_3	D_2	D_1	D_0	250 kHz	
清 屏	0	0	0	0	0	0	0	0	0	*	1.64 ms	空码送 DDRAM,AC=0
归 位	0	0	0	0	0	0	0	0	1	1	1.64 ms	AC=0,光标、显示回到原始位置上
输入方式设置	0	0	0	0	0	0	0	1	I/D	S	40 μs	设置光标、显示画面移动方向
显示开关控制	0	0	0	0	0	0	1	D	C	B	40 μs	设置显示、光标、闪烁开关
光标、显示画面位移	0	0	0	0	0	1	S/C	R/L	*	*	40 μs	在不改变 DDRAM 内容的条件下移动光标或显示画面一个字符位
功能设置	0	0	0	0	1	DL	N	F	*	*	40 μs	初始化设置
CGRAM 地址设置	0	0	0	1	A_5	A_4	A_3	A_2	A_1	A_0	40 μs	设置 CGRAM 地址,6 位有效
DDRAM 地址设置	0	0	1	A_6	A_5	A_4	A_3	A_2	A_1	A_0	40 μs	设置 DDRAM 地址,7 位有效
读 BF 及 AC 值	0	1	BF	AC_6	AC_5	AC_4	AC_3	AC_2	AC_1	AC_0	0 μs	读 BF 及 AC 值
写数据	1	0	数 据								40 μs	把数据写入 DDRAM 或 CGRAM
读数据	1	1	数 据								40 μs	从 DDRAM 或 CGRAM 中读数据

注:I/D=1 表示增 1,I/D=0 表示减 1;R/L=1 表示右移,R/L=0 表示左移;N=1 表示 2 行,N=0 表示 1 行;BF=1 表示忙,BF=0 表示准备好;S=1 表示有效,S=0 表示无效;D=1 表示开显示,D=0 表示关显示;C=1 表示光标显示,C=0 表示光标消失;B=1 表示闪烁启用,B=0 表示闪烁关闭;DL=1 表示 8 位,DL=0 表示 4 位;F=1 表示 5×10 点阵,F=0 表示 5×7 点阵;S/C=1 表示显示位移,S/C=0 表示光标位移;* 表示任意。

指令详细解释如下。

(1) 清屏指令代码:01H。

该指令将执行如下操作:

① 把空码 20H 写入 DDRAM 的全部 80 个单元内;

② 地址计数器 AC 清零,光标或闪烁归位;

③ 设置输入方式参数位 I/D=1,即地址计数器 AC 自动加 1 输入方式。

该指令用于初始化或更新显示内容。在使用前要考虑 DDRAM 的内容是否还需要。

(2) 归位指令代码:02H。

该指令使地址计数器 AC 清零。如果显示画面已经位移,则指令执行后显示画面将回到原点地址 00H 处开始显示,光标或闪烁亦返回原点 00H 位置上显示。此指令可用于显示、光标、闪烁等的归位操作上。

(3) 输入方式设置指令代码:0000,01,I/D,S。

该指令设置 CPU 读、写 DDRAM 或 CGRAM 后,地址计数器 AC 内容的变化方向,反映在显示屏上为输入一个字符时显示画面和光标的变化效果。该指令具有两个参数位 I/D 和 S。

I/D:表示读、写 DDRAM 或 CGRAM 的数据后,地址计数器 AC 内容的变化方向。由于光标位置也由 AC 值确定,所以也是光标移动的方向。

I/D=1:AC 自动加 1,光标右移一个字符位;

I/D=0:AC 自动减 1,光标左移一个字符位。

S:表示写入 DDRAM 数据后,显示屏画面将向左或向右全部平移一个字符位。

S=0:无效;

S=1:有效。

S=1,I/D=1:显示画面左移;

S=1,I/D=0:显示画面右移。

这种效果在显示屏上好像表现为光标不动而输入内容的移动,如同计算器输入数据时的显示效果。表 F-2 列举了所有输入方式的显示效果,输入方式的输入数字为 0,1 和 2。

表 F-2 不同输入方式的显示效果

输入方式代码	显示位置							显示效果
	7	8	9	10	11	12	13	
04H				—				显示画面不动,光标右移
S=0				0	—			
I/D=0				0	1	—		
				0	1	2	—	
05H				—				显示画面右移
S=1				—	0			
I/D=0				—	1	0		
				—	2	1	0	
06H				—				显示画面不动,光标左移
S=0				—	0			
I/D=1				—	1	0		
				—	2	1	0	
07H				—				显示画面左移
S=1			0	—				
I/D=1		0	1	—				
	0	1	2	—				

需要提示的是当从 DDRAM 单元读取数据或在读、写 CGRAM 时,不产生显示画面的

位移，此时建议将 S 清零。

(4) 显示开关控制指令代码：0000，1，D，C，B。

该指令控制着显示的效果，它带有 3 个指令参数位，这些参数位分别作为显示、光标及闪烁的启用或关闭的控制位。

D：显示开关。当 D=1 时开显示，D=0 时关显示，关显示只是在显示屏上不显示任何内容，而 DDRAM 内容不变，这与清屏指令有着重要的区别。

C：光标开关。当 C=1 时光标显示，C=0 时光标消失。在 5×7 点阵字体的形式下光标以底线形式(5×1 点阵)出现在第 8 行，在 5×10 点阵字体的形式下光标出现在第 11 行。光标出现的位置由地址计数器 AC 确定，并随 AC 的变化而移动。当 AC 值超出了所用显示屏的显示范围时，光标在显示屏上消失。

B：闪烁开关。闪烁是指一个字符位交替全亮或全暗，闪烁频率约为 2.4 Hz(当振荡器频率为 250 kHz 时)。当该字符位有字符或光标显示时，闪烁全亮会将字符及光标覆盖，在闪烁全暗时，字符及光标呈现闪烁的位置与光标位置一样，由 AC 决定。当闪烁位置上无字符或光标显示时，闪烁的效果与计算机监视器上块状光标闪烁提示符的效果一样。B=1 为闪烁启用，B=0 为闪烁关闭。

显示开关控制状态见表 F-3。

表 F-3　显示开关控制状态

指令代码	参数位			功　能
	D	C	B	
08H	0	0	0	关显示
0CH	1	0	0	开显示
0DH	1	0	1	开显示、闪烁
0EH	1	1	0	开显示、光标
0FH	1	1	1	开显示、光标、闪烁

(5) 光标、显示画面位移指令代码：0001，S/C，R/L，0，0。

当执行该指令时，光标或显示画面将左移或右移一个字符位。当显示屏为两行显示时，光标将从第一行(或第二行)的第 40 字符位(即使实际显示屏没有这么大)“右移”跳到第二行(或第一行)的起始字符位上，或者光标从第一行(或第二行)的起始字符位“左移”跳到第二行(或第一行)的第 40 字符位上。显示屏上显示画面的位移则是第一行与第二行的独立循环。此指令有以下两个参数位。

S/C：位移对象的选择。S/C=1 为显示画面位移，S/C=0 为光标位移。

R/L：位移方向的选择。R/L=1 为右移，R/L=0 为左移。

当无光标出现时，仅显示画面的位移不修改地址计数器 AC 值，当有光标出现时，光标或显示画面的位移都会使光标产生位移，地址计数器 AC 值将被修改。因此，该指令也可用于纠正或搜寻显示字符。

此指令与输入方式指令都可以引起光标或显示画面的位移，区别在于该指令在执行后立即产生位移的效果，而输入方式指令执行后只是完成了一种设置，只有在进行 CPU 写数据操作后才能产生位移的效果。

(6) 功能设置指令代码:001,DL,N,F,00。

此指令可以说是 HD44780 的初始化设置指令,CPU 在操作以 HD44780 为控制器的字符型液晶显示模块时必须首先使用这条指令。该指令设置了 HD44780 的工作方式:一是 HD44780 与 CPU 接口的数据总线有效位长,二是显示驱动的占空比值。该指令带有以下 3 个参数位。

DL:设置 HD44780 与 CPU 接口的数据总线有效位长。DL=0 表示数据总线有效位长为 4 位,即 $DB_7 \sim DB_4$ 有效,$DB_3 \sim DB_0$ 无效。该方式下 8 位指令代码与数据需分两次传输,顺序是先高 4 位后低 4 位。DL=1 表示数据总线有效位长为 8 位,$DB_7 \sim DB_0$ 有效。

N:表示字符型液晶显示器的显示字符行数。N=0 表示字符行为 1 行,N=1 表示字符行为 2 行。

F:表示显示字符的字体形式。F=0 表示字体为 5×7 点阵,F=1 表示字体为 5×10 点阵。

N 与 F 设置的组合规定了 HD44780 的驱动占空比系数,见表 F-4。

表 F-4 字体形式与驱动占空比系数

NF	显示字符行列数	字体形式	占空比系数	备 注
0 0	1	5×7	1/8	
0 1	1	5×10	1/11	
1 0	2	5×7	1/16	仅 5×7 点阵字体

由于 HD44780 内部复位电路启动对电源的要求系统有时无法满足,为了工作可靠起见,建议在软件编程时,首先对 HD44780 进行软件初始化,然后实现显示的使用。其初始化设置流程图如图 F-5 所示。

(7) CGRAM 地址设置指令代码:$01A_5A_4,A_3A_2A_1A_0$。

该指令将 CGRAM 的 6 位地址码 00H~3FH 写入地址计数器 AC 内,随后 CPU 的数据读、写操作是针对 CGRAM 单元的访问。

(8) DDRAM 地址设置指令代码:$1A_6A_5A_4,A_3A_2A_1A_0$。

该指令将 DDRAM 的 7 位地址码送入地址计数器 AC 内,随后 CPU 的数据读、写操作是针对 DDRAM 单元的访问。DDRAM 地址范围如下。

N=0(1 行字符行):00H~4FH。

N=1(2 行字符行):第一行为 00H~27H,第二行为 40H~67H。

(9) 读忙标志与地址计数器 AC。

当 CPU 对指令口读操作(RS=0,$R/\overline{W}$=1)时,读出的不是指令寄存器 IR 的内容而是 1 位忙标志与 7 位地址计数器当前内容的组合。格式为:

DB_7	DB_6	DB_5	DB_4	DB_3	DB_2	DB_1	DB_0
BF	A_6	A_5	A_4	A_3	A_2	A_1	A_0

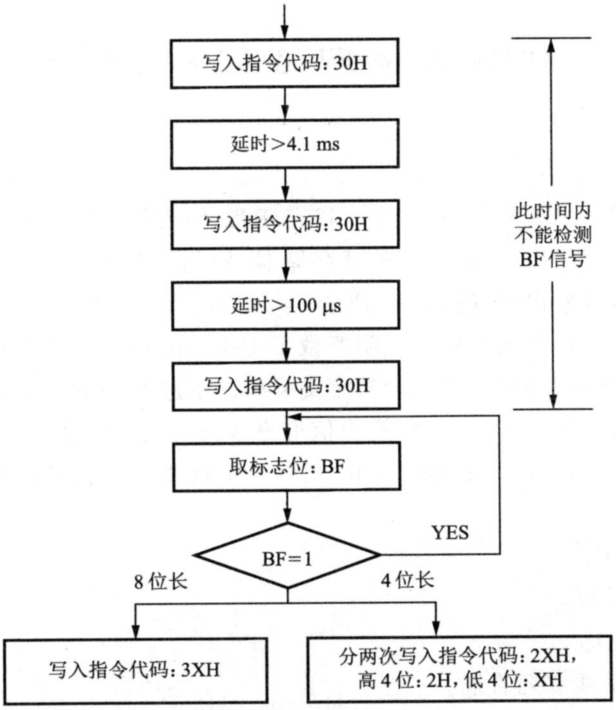

图 F-5 初始化设置流程图

AC 当前值可能是 DDRAM 地址，也可能是 CGRAM 地址，这取决于最近一次向 AC 写入的是何类地址，AC 值将与忙标志 BF 位同时出现在数据总线上。

(10) 写入 DDRAM 或 CGRAM 数据。

CPU 要把写入 DDRAM 或 CGRAM 的数据写入 HD44780 的数据寄存器 DR 内，即 RS=1，$R/\overline{W}$=0。在 HD44780 逻辑线路控制下，DR 内的数据将在内部时序下写入由地址计数器 AC 所指定的 DDRAM 单元或 CGRAM 单元内，CPU 在写数据之前必须要完成两条指令的写入工作：一是 DDRAM 地址设置指令或 CGRAM 地址设置指令，这种指令实现数据写入首单元的寻址；二是输入方式设置指令，它完成地址计数器 AC 自动修改方式的设置，为数据连续写入做准备。

(11) 读取 DDRAM 或 CGRAM 数据。

CPU 读取 CGRAM 或 DDRAM 的数据要使用数据寄存器 DR，即 RS=1，$R/\overline{W}$=1。CPU 读取数据的过程是：地址计数器 AC 的每一次更新，如地址设置指令的写入、光标位移引起 AC 的修改，或 CPU 读写数据操作后产生 AC 的修改，HD44780 控制部都会把当前 AC 值所指单元的内容送至接口部的数据寄存器内，供 CPU 读取。CPU 读出的数据只是当前数据寄存器的内容。因此，在首次操作之前需重新设置地址计数器 AC 值，或用光标移动指令将地址计数器 AC 值修改到所需的地址上，修改后的读操作获得数据是有效的。

附录三 数字交换网络芯片MT8980介绍

一、简要说明

数字交换网络芯片MT8980是8线×32信道数字交换电路，它内部包含串并变换器、数据存储器、帧计数器、控制接口电路、接续存储器、控制寄存器、输出复用电路及并串变换器等功能单元。输入和输出均连接8条PCM基群（30/32路）数据线，在控制信号作用下，可实现240/256路数字语音或数据的无阻塞数字交换。MT8980是目前集成度较高的新型数字交换电路，可用于中、小型程控用户数字交换机。电路的基本特性为：

(1) 输入信道容量为8线×32路，输出信道容量为8线×32路。

(2) 信道数据速率64 kbit/s，提供240/256路无阻塞数字交换，具有微处理器控制接口。

(3) 电源为+5 V。

(4) 功耗为30 mW。

(5) 工艺为CMOS。

(6) 封装为40引线双列直插。

二、引出端符号及功能说明

$\overline{CP}$：时钟输入，频率为4.096 MHz，串行码流由此时钟的下降沿定位。

$\overline{FS}$：帧同步脉冲输入，它作为2.048 Mbit/s码流的同步信号，低电平使内部计数器在$\overline{CP}$下次负跳变时复位。

$\overline{CS}$：片选信号输入，低电平有效。

DS：微处理器接口时数据输入选通信号，高电平有效。

VDD：正电源。

VSS：负电源，通常为地。

R/$\overline{W}$：微处理器接口时读、写控制信号。若输入高电平，为读出；若输入低电平，则为写入。

$\overline{DTA}$：数据应答信号输出（开漏输出），为微处理器接口时数据证实信号，若此端下拉至低电平，电路处理完数据，通常$\overline{DTA}$经909 Ω(W/4)接+5 V。

ODE：输出驱动允许。若该输入保持高电平，则STO0～STO7输出驱动器正常工作；若为低电平，则STO0～STO7呈高阻。但是如果利用软件控制方式，即使ODE为高电平，也可以使STO0～STO7进入高阻态。

CBO：控制总线输出。每帧由256 bit组成，每码元为接续存储器高位256个存储单元第1位的值。第0码流相应的码元先输出。

A0～A5：微处理器接口时地址信号输入。

D0～D7：微处理器接口时双向数据输入/输出（三态）。

STI0～STI7：8路串行输入的PCM基群（32信道）码流，速率为2.048 Mbit/s。

STO0～STO7:8 路三态串行输出的 PCM 基群码流,速率为 2.048 Mbit/s。

三、电路的基本原理

电路由串并变换器、数据存储器、帧计数器、控制寄存器、控制接口单元、接续存储器、输出复用电路与并串变换器等部分构成。

串行 PCM 数据流以 2.048 Mbit/s 速率(共 32 个 64 kbit/s)分 8 路由 STI0～STI7 输入,经串并变换,根据码流号和信道(时隙)号依次存入 256×8 位数据存储器的相应单元内。控制寄存器通过控制接口,接受来自微处理器的指令,并将此指令写到接续存储器。这样,数据存储器中各信道的数据按照接续存储器的内容(即接续命令)以某种顺序从中读出,再经复用、缓存、并串变换,变为时隙交换后的 8 路 2.048 Mbit/s 串行码流,从而达到数字交换的目的。

如果不再对控制寄存器发出命令,则电路内部维持现有状态,刚才交换过的两时隙将一直处于交换过程,直到接受新命令为止。

接续存储器的容量为 256×11 位,分为高 3 位和低 8 位两部分,前者决定本输出时隙的状态;后者决定本输出时隙所对应的输入时隙。另外,由于输出多路开关的作用,电路还可以工作于消息模式(message mode),以使接续存储器低 8 位的内容作为数据,直接输出到相应时隙中去。

电路内部的全部动作均由微处理器通过控制接口控制,可以读取数据存储器、控制寄存器和接续存储器的内容,并向控制寄存器和接续存储器写入指令。此外,还可置电路于分离方式,即微处理器的所有读操作均读自数据存储器,所有写操作均写至接续存储器的低 8 位。

微处理器对电路的控制主要体现在对内部存储器的读写操作上,控制格式如下。

1. 地址线(A5～A0)

若 A5＝0,选择控制寄存器,所有操作均针对控制寄存器。

若 A5＝1,则由 A4～A0 选择时隙号,以保证对各时隙的控制,见表 F-5。

表 F-5 寻址表

A5	A4	A3	A2	A1	A0	地址(16 进制)	寻址位置
0	X	X	X	X	X	00—1F	控制寄存器
1	0	0	0	0	0	20	信道 0
1	0	0	0	0	1	21	信道 1
1	1	1	1	1	1	3F	信道 31

2. 控制寄存器格式

控制寄存器格式为:

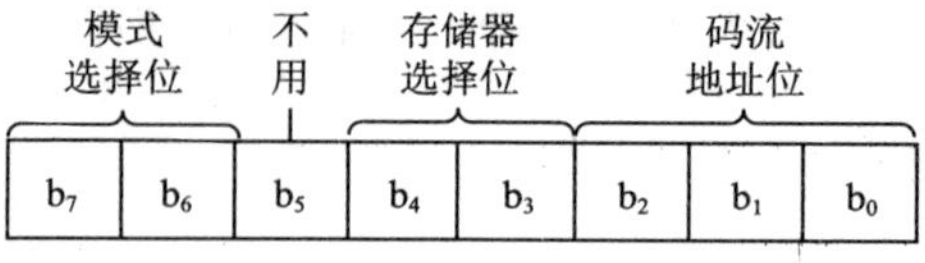

b_7:分离方式选择位。当 $b_7=1$ 时,无论 b_3,b_4 是什么状态,所有读操作均读自数据存储器,所有写操作均写至接续存储器低 8 位。

b_6:输出方式选择位。当 $b_6=1$,ODE=1 时,为消息方式;当 $b_6=0$ 时,为交换方式。

b_5:不用。

b_4,b_3:存储器选择位。00 表示测试芯片时用,通常不能设成此状态;01 表示选择数据存储器;10 表示选择接续存储器低 8 位;11 表示选择接续存储器高 8 位。

$b_2 \sim b_0$:码流地址位,决定所选下一操作的输入码流或输出码流号。

3. 接续存储器高 3 位格式

接续存储器高 3 位格式为:

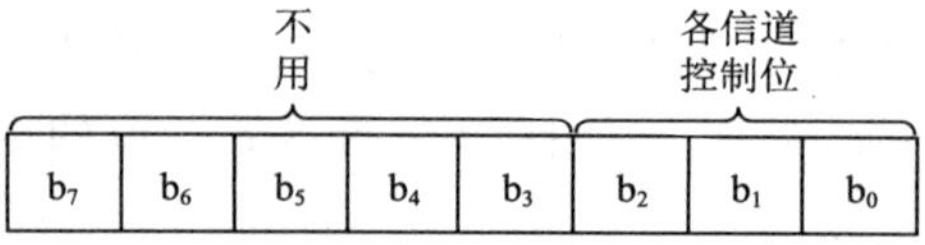

$b_7 \sim b_3$:不用。若读操作时,均置为 0。

b_2:当 $b_2=1$ 时,工作于消息方式,接续存储器低 8 位内容作为数据送至输出码流中;当 $b_2=0$ 时,工作于交换方式,接续存储器低 8 位内容作为数据存储器的地址,将输入信道数据读到交换所要求的输出码流的相应时隙中。

b_1:外部控制位。其内容将在下帧从 CBO 端输出。

b_0:输出允许位。当 ODE=1,且控制寄存器 $b_6=0$ 时,若此位为 1,数据输出到相应码流和时隙中;若此位为 0,输出时隙呈高阻。

4. 接续存储器低 8 位格式

接续存储器低 8 位格式如下:

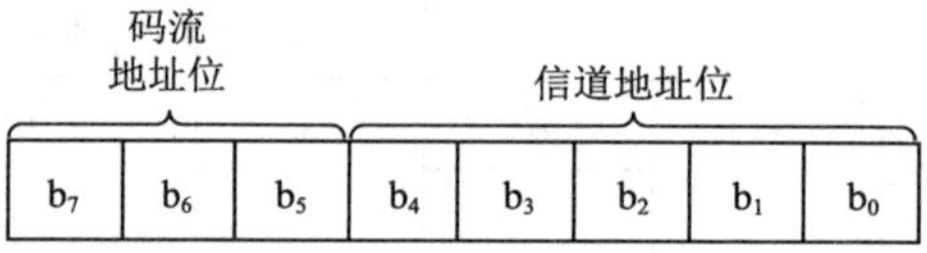

$b_7 \sim b_5$:码流地址位。这 3 位的二进制数确定输入码流号,若 $b_7b_6b_5=100$,则接续存储器选中 STI4 存入的数据存储地址。

$b_4 \sim b_0$:信道地址位。这 5 位为 $b_7 \sim b_5$ 选中码流的信道(时隙)号。若接续存储器高 3 位的 $b_2=1$ 时,转入消息方式,$b_7 \sim b_0$ 的内容被直接送至相应输出码流中。

参考文献

［1］ 樊昌信，曹丽娜．通信原理［M］．7版．北京：国防工业出版社，2016．

［2］ 周炯磐．通信原理［M］．北京：北京邮电大学出版社，2002．

［3］ 桑林，郝建军，刘丹谱，等．数字通信［M］．北京：北京邮电大学出版社，2002．

［4］ 冯穗力，等．数字通信原理［M］．2版．北京：国防工业出版社，2016．

［5］ 陈树新．通信系统建模与仿真教程［M］．3版．北京：电子工业出版社，2017．

［6］ 啜钢．移动通信原理［M］．北京：电子工业出版社，2016．

［7］ DAHLMAN ERIK，PARKVALL STEFAN，SKOLD JOHAN．4G移动通信技术权威指南LTE与LTE-Advanced［M］．2版．北京：人民邮电出版社，2015．

［8］ 章坚武．移动通信［M］．5版．西安：西安电子科技大学出版社，2017．

［9］ 罗国明，沈庆国，张曙光，等．现代交换原理与技术［M］．3版．北京：电子工业出版社，2014．

［10］ 金惠文，陈建亚，纪红，等．现代交换原理［M］．3版．北京：电子工业出版社，2011．

［11］ 叶敏．程控数字交换与交换网［M］．2版．北京：北京邮电大学出版社，2003．

［12］ 张中荃．程控交换与宽带交换［M］．北京：人民邮电出版社，2003．

［13］ 刘振霞，马志强．程控数字交换原理学习指导与习题解析［M］．西安：西安电子科技大学出版社，2005．